엄마는
괴롭고
아이는
외롭다

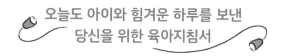

오늘도 아이와 힘겨운 하루를 보낸
당신을 위한 육아지침서

# 엄마는
# 괴롭고
# 아이는
# 외롭다

김진미 지음

산지

# 엄마는 즐겁고 아이는 행복한 양육의 비결

"선생님, 저 여기 오는데 무서웠어요."

"왜? 무슨 일 있었어?"

"히로빈이 길에서 째려보는 거예요. 저를 따라 올까봐 땀나게 뛰어왔어요."

히로빈은 마인크래프트라는 게임에서 가상으로 존재한다. 히로빈 괴담이라는 말이 있을 정도로 아이들에게는 공포의 대상이다.

상담실에서 만난 초등학교 5학년 승혁이는 게임에 몰입되어 있다. 미술치료 과정에 등장하는 모든 인물은 히로빈이다. 그의 대화 속 소재도 오직 히로빈이다. 결국 히로빈은 승혁이의 현실에서도 등장하고 있다. 가상의 세계와 현실이 혼재하고 있는 것이다.

"히로빈은 게임 속에 있는 거잖아. 근데 걔가 어떻게 너를 따라와?"

"실제로도 있어요. 진짜예요. 제가 분명히 봤어요."

승혁이의 상태에 대해 엄마와 상의했다. 엄마는 충격으로 눈물을 뚝뚝 떨어뜨렸다.

승혁이엄마는 남편과 이혼을 했다. 혼자 몸으로 아이를 책임져야 했다. 친정엄마에게 아이를 맡기고 밤낮으로 일을 했다. 아이를 잘 기르기 위해 몸이 부서져라 일을 했지만 정작 아이를 돌보지 못했다. 아이는 엄마 없는 외로운 시간을 게임에 방치된 채 보내고 있었던 것이다.

엄지손가락이 퉁퉁 부어오른 3살 연준이가 엄마와 함께 상담실에 왔다.

연준이는 손가락을 집착적으로 빠는 습관이 있다. 심심할 때도, 화가 날 때도, TV를 볼 때도, 잠을 잘 때도 틈만 나면 손가락을 심하게 빤다. 손가락에 고추장도, 된장도, 쓴 약도 발라보았다. 양말도 감아놓고, 손을 몸에 묶어놓기도 했다. 소용없었다. 엄마는 모든 방법을 다 동원해 보았지만 손가락을 빠는 연준이를 멈추게 할 수가 없었다.

연준이에 대한 걱정으로 엄마는 신경성 소화불량에 걸려 있었다. 아이를 보고 있으면 체한 것처럼 가슴이 답답하다고 했다.

초등학교 1학년 교실에 집단상담을 의뢰받아 간 적이 있다.

학교에서 집단 상담을 의뢰한 이유는 몇 명의 통제되지 않는 아이들 때문이었다. 그 중의 한 명 정욱이는 대표적인 문제아였다. 같은 반 여자 아이를 폭행했고, 선생님의 지시에 욕으로 맞섰고, 교감 선생님을 밀어 넘어뜨리는 사건을 저질렀다. 결국 담임선생님은 휴

직계를 내는 지경까지 이르렀다. 정욱이로 인해 정상적인 수업을 진행할 수 없는 상황이었다.

정욱이 엄마는 아이가 수업하는 내내 교실 앞 복도에 서 있었다. 아이를 통제할 수 있는 유일한 사람이 엄마이기 때문이었다.

학교의 요청으로 정욱이엄마를 상담하게 되었다. 엄마는 무척이나 지쳐보였다. 이미 선생님들은 물론 학부모들로부터 온갖 질시와 시달림은 받아온 탓이리라. 상담사를 향한 경계의 눈빛이 역력했다. 그러나 힘든 마음을 알아주기 시작하자 그녀는 참아왔던 눈물을 터뜨렸다. 한참이나 서럽게 울더니 입을 열었다.

"정욱이가 집에서는 안 그러거든요. 저랑 있을 때는 말도 잘 들어요. 학교에서 그런 일이 있다는 게 믿어지지가 않아요."

### 엄마는 괴롭고 아이는 외로운 이유

모든 엄마들은 내 아이를 세상에서 가장 멋지게, 최고로 행복하게 키우고 싶다. 그러나 아이는 시간이 지날수록 기대와 다르게 자란다.

엄마는 괴롭다. 아이를 양육하는 과정이 즐거워야 하는데 사실은 그렇지 않다. 몸이 힘들어서가 아니다. 마음이 아프기 때문이다. 아이가 게임에 중독된 탓으로, 집착적 이상 행동을 보이고 있어서, 학교에서 거부당해 한숨짓고 눈물 흘리며 좌절한다. 장차 어떻게 키워야 할지 막막하기만 하다.

아이가 잘못된 모습으로 성장하고 있을 때 엄마는 괴롭다. 온갖 노력에도 불구하고 엉뚱한 결과를 빚어내니 괴롭다. 엄마는 매일매일, 순간순간 괴롭다.

어떻게 해야 하는 것일까? 무엇으로 아이를 도울 수 있을까? 방법도 모르고 상황은 나빠져만 간다.

아이들은 어떤가? 엄마를 괴롭히기 위해 떼를 쓰고, 엄마를 골탕먹이려고 고집을 부리는 걸까? 엄마의 화를 돋우기 위해 반항을 하고, 방문을 잠그고, 집을 나가는 것일까?

그렇지 않다. 아이들은 외롭다. 엄마의 사랑을 느낄 수 없어서 외롭다. 엄마의 인정을 받지 못해서 방황을 한다. 아이들의 반항은 나를 좀 사랑해달라는 절규인 것이다.

외로운 아이들은 비협조적이 된다. 불행하다. 문제를 일으킬 행동을 하기 쉽다. 올바른 모습으로 성장할 수 없다.

엄마는 즐겁고, 아이는 행복해야 한다. 엄마는 아이와 함께 하는 시간이 소중하고, 아이는 따뜻해야 한다.

엄마의 사랑은 왜 빗나가고 있는 것일까? 평생을 노력하며 헌신했건만 왜 아이의 마음은 허전하고 엄마의 사랑을 느껴본 적이 없다고 말하는 것일까?

사랑하는데 사랑하는 방법을 모르는 탓이다.

아이의 마음에 가서 닿는 사랑은 바로 아이들이 느끼는 방법으로 사랑하는 것이다. 부모의 방법 말고, 아이가 원하는 방법으로 사랑하는 것이다. 그러나 부모들은 그 방법을 알지 못한다.

이 책에 그 방법들이 실려 있다. 부모교육에 참여한 엄마들이 배우고 실습하여 변화된 이야기들이 그려져 있다. 그들의 괴로움이 담겨 있고, 그것을 해결해가는 과정이 그려져 있다.

이 책이 괴로운 육아에서 벗어나 즐거운 육아로 입문하는데 도움이 될 것이라고 믿는다. 엄마의 고통과 아이의 외로움을 예방하는 역할을 할 것이다. 현재 괴로움을 겪고 있는 부모라면 치유의 방법을 알게 될 것이다.

부모와 아이가 함께 성장해야 한다. 부모의 작은 변화가 아이의 큰 성장을 가져올 것이다. 부모의 사랑이 왜곡되지 않은 모습으로 아이에게 전달될 수 있기를 바란다.

아파하는 부모들에게 관심을 쏟게 하시고, 그들을 도울 수 있도록 나를 성장시켜주신 하나님께 감사한다. 언제나 한결같은 지지로 나의 길을 응원하는 남편, 낯선 땅에서 외로움을 이기고 멋지게 성장해준 내 사랑하는 아들에게도 특별한 사랑과 감사를 말하고 싶다.

# content

# 2장

## 엄마는 결심하지만
## 아이는 비웃는다

## content

# 4장

## 엄마가 1cm 변하면
## 아이는 1m 성장한다

결심만 하는 엄마가 되면 안 된다. 배우고 적용해야 한다.

행동하고 실천해야 한다. 아이와 함께 엄마도 성장해야 한다.

이제 시작하자.

결심이 결심으로 멈추지 않고 변화로 성장으로 이어지도록

배우고 행동을 시작하자.

# 1장

## 아침에 결심하고
## 저녁에 후회하는 엄마

# 잠잘 때만 예쁜 우리 아이

"밤에 자는 아이 얼굴 보고 있으면 눈물이 나요. 미안해서요. 낮에 소리 지르고 구박한 거 생각하면 후회도 되고요. 난 왜 이렇게 좋은 엄마가 못되는지 한심한 생각도 들고, 여러 생각이 교차 하는 거죠. 아이가 잠잘 때 제일 예쁜 거 같아요."

"맞아, 맞아."

부모교육에 참여한 한 엄마의 고백에 모두들 크게 공감한다.

하루 종일 힘들게 한 아이. 고집부리고, 떼쓰고, 사고쳐서 엄마를 화나게 했건만 잠자는 아이를 들여다보는 엄마는 도리어 미안하다. 엄마를 힘들게 한 아이가 밉기는커녕 천사처럼 예쁘기만 하다.

이렇게 사랑스러운 아이에게 나는 무슨 짓을 한 것인가? 잠든 아이의 얼굴을 쓰다듬으며 결심한다. 내일은 소리 지르지 않고 좋은 엄마가 되겠다고.

그러나 내일이 되어도 엄마들의 일상은 변하지 않는다. 아이들은 좋은 엄마가 되도록 내버려두지 않는다. 하루 종일 엄마의 감정을 자극한다. 엄마의 결심은 쉽게 무너진다.

엄마는 저녁마다 자책감과 후회에 사로잡힌다. 감정을 이기지 못하고 아이에게 상처를 준 날이면 자책은 더 심하다.

어린 자녀 뿐 아니다. 사춘기 자녀와 충돌이라도 하면 자괴감은 심하게 몰려온다. 아이에게 상처가 될 줄 알면서도 감정에 휩싸여 뱉어버린 말들을 주워 담고 싶다. 화가 나서 순간적으로 쏟아버린 독설들은 후회를 넘어 수치심으로 다가온다.

"수치심이란 나에게 결점이 있어서 사랑이나 소속감을 누릴 가치가 없다고 생각할 때 느끼는 극심한 고통이다."

수치심 연구의 권위자인 브레네 브라운은 말했다.

그렇다. 수치심은 존재에 깊은 상처를 준다. '내가 과연 엄마 자격이 있나' 하는 생각에 이르고, 양육에 대한 자신감을 잃게 만든다. 결국 양육효능감을 떨어뜨린다.

우울증으로 상담실을 찾은 숙희씨는 양육효능감이 현저히 떨어져 있었다.

양육효능감이란, 부모가 자녀를 양육하면서 생기는 어려움을 잘 대처해간다고 느끼는 정도를 말한다. 본인이 부모로서 능력이 있다고 생각하면 양육효능감이 높은 것이다. 양육효능감은 곧 부모로서의 자신감이다.

양육효능감이 높으면, 부모의 양육 스트레스는 낮아진다. 이러한 부모 밑에서 성장한 아이는 자기조절능력이나 대인관계, 정서지능 등이 높아진다.

숙희씨는 폭발하는 감정을 참지 못하고 종종 아이에게 매를 댔다. 때리고 나면 곧 후회했고, 아이에게 사과했다. 이런 일이 거듭되자 아이는 엄마의 사과에도 불구하고 냉담하게 반응했다. 사춘기에 들어서자 아이는 엄마와의 대화를 피했고 집에 있는 시간이 적어졌다.

아이의 눈빛이 엄마를 조롱하는 것처럼 느껴질 때가 많았다. 그때마다 엄마는 발작하듯이 화를 냈고, 뒤늦은 후회로 아이에게 사과하는 패턴이 이어졌다. 아이의 태도는 변하지 않았다. 숙희씨는 엄마 자격이 없는 자신을 자책했고, 엄마로서 수치심을 느꼈고, 결국 우울감으로 발전하였다.

우리는 왜 결심하고도 실패하는 것일까?

왜 좋은 엄마가 되려고 다짐하건만 번번이 물거품이 되고 말까? 정도의 차이가 있을 뿐, 우리 모두 이러한 고민에 사로잡혀 있다.

완전한 부모는 한 명도 없다. 모두가 실수하고 실패한다. 나 혼자만 실패하고 나만 부모 자격이 없는 것이 아니다. 모든 부모가 다 그렇다.

자신의 실수를 용납해야 한다. 지나친 후회와 자책감은 오히려 자녀에게 좋지 않은 영향을 미친다.

모든 부모는 자녀를 사랑한다. 자녀를 위해 최선을 다 한다. 좋은 부모가 되려고 애쓴다. 사랑하기 때문에 많은 시도를 한다. 시도하지 않으면 실패도 없다. 시도를 하기 때문에 실패도 하는 것이다.

결심하는 부모는 자녀를 사랑하는 부모다. 잘못된 방법을 고치고 좋은 부모가 되려고 노력하는 부모다. 박수를 보낸다.

그러나 그 결심이 결심으로 끝나버리는 데는 이유가 있다. 방법을 모르기 때문이다. 엄마의 사랑이 아이에게도 사랑으로 느껴져야 하는데 방법이 틀렸기 때문에 아이는 비난으로 듣는다. 미움으로, 거절로 받는다.

결심만 하는 엄마가 되면 안 된다. 배우고 적용해야 한다. 행동하고 실천해야 한다. 아이와 함께 엄마도 성장해야 한다.

이제 시작하자. 결심이 결심으로 멈추지 않고 변화로 성장으로 이어지도록 배우고 행동을 시작하자.

# 한번도 엄마가 날 사랑한다고
# 느껴본 적이 없어요

"나는 한 번도 엄마가 나를 사랑한다고 느껴본 적이 없어요."

서로의 갈등이 심해지자 상담실을 찾은 가족. 한 치의 양보도 없이 서로에게 문제가 있다고 비난하던 중, 대학생 딸이 한 말이었다.

엄마는 심하게 충격을 받았다. 엄마가 했던 모든 비난과 잔소리는 딸을 사랑해서였다. 딸의 미래가 걱정되어 한 말들이었다. 그러나 딸은 한 번도 엄마의 사랑을 느껴본 적이 없다고 했다.

20년을 한눈팔지 않고 열심히 공부만 했건만 시험의 결과는 빵점. 엄마는 꼭 그런 심정이었다. 할 말을 잃고 눈물만 뚝뚝 떨어뜨렸다.

엄마는 사랑을 줬는데 아이는 받은 적이 없다고 한다. 어찌된 일일까? 부모의 사랑은 어째서 자녀의 마음에 가 닿지 못했을까?

사실 모든 부모가 사랑을 준다. 문제는, 어떤 사랑을 주고 있는가이다.

"다 너 잘되라고 하는 소리야."

자녀의 마음에 비수를 꽂으며 부모가 하는 말이다.

"엄마가 너를 사랑하니까 이런 말 하는 거야. 너한테 관심 없는 남이면 이런 말도 안 해."

아이에게 상처를 주는 말을 하면서 부모들은 사랑해서라고 한다.

부모의 말은 진심이다.

그러나 아이들은 그런 사랑을 사랑으로 느끼지 못한다. 사랑의 매를 이해하지 못하는 것처럼 사랑의 독설도 받아들이지 못한다. 그냥 상처로 남을 뿐이다.


때로는 아이를 칭찬하고 사랑을 표현할 때 과녁을 잘못 겨냥할 때가 있다. 아이를 사랑하는 것이 아니라 아이의 행동을 사랑할 때이다.

나의 부모님은 나를 사랑하셨다. 공부 잘하는 딸이 대견스러우셨을 것이다. 상을 받아오면 기뻐서 칭찬을 하셨다. 동네 사람들 앞에서 딸을 자랑했다. 당연했다. 그러나 그 과정을 통해 나는 사랑받고 인정받으려면 뭔가를 잘해야 한다는 원리를 배웠다.

오랫동안 그 원리가 내 삶을 지배했다. 능력을 인정받을 때 나는 가치 있는 사람이 되었다. 반대로 일을 잘 하지 못했을 때 가치 없는 사람처럼 여겨졌다.

왜 나는 잘하는 것으로 나의 존재를 증명하려고 했을까?

부모님이 행위(doing)에 대한 사랑을 주었기 때문이다. 행위에 대한 사랑에는 전제 조건이 뒤따르게 되어 있다. 무언가 사랑받을 만한 행동을 해야 한다. 사랑 받을 만한 행동을 하지 못했을 때, 사랑이 떠나간다. 아이는 불안하다. 인정받기 위한 행동에 집착하게 된다.

### 아이의 행동이 아닌 존재 자체를 사랑하라

공부를 잘 할 때 칭찬하고, 공부를 못할 때 꾸중하는 것. 그것은 행위를 사랑하는 것이다. 엄마의 말을 잘 들을 때 칭찬하고, 고집부릴 때 혼을 내는 것. 아이를 사랑하는 것이 아니고 아이의 행위를 사랑하는 것이다.

부모는 행위가 아닌 존재(being)에 대한 사랑을 주어야 한다.

부모의 기대에 미치지 못해도, 실수와 실패를 했을 때도 사랑을 주어야 한다. 그것이 존재에 대한 사랑이다.

아이들은 끝도 없이 말썽을 부린다. 실수와 실패를 거듭한다. 그 과정에서 엄마들은 감정을 자제하지 못하고 소리를 지르게 된다. 아이들은 자기가 사랑받을 만하지 못하며, 사랑을 받으려면 그에 합당한 행동을 해야 한다고 생각하게 된다.

있는 그대로의 자신이 부모에게 인정받지 못하니, 아이는 인정받는 행동을 하려고 애쓴다. 어떤 행동을 하고는 부모의 인정을 받는지 못 받는지 눈치를 살핀다. 허기에 시달리는 사람처럼 인정과 사랑을 얻으려고 구걸하게 된다.

아이에게 전달되는 사랑의 핵심은 존재와 행동을 분리하는 것이다. 우리는 대부분 조건적인 토대에서 자랐기 때문에 이것이 어렵다.

"어떤 행위도 한 사람의 가치를 손상시킬 수는 없다. 잘못된 행동에 대해서는 스스로 개선할 책임이 있지만, 사람은 개선할 수 없다. 사람은 누구나 그 자체로 완벽하고 고유하다."

미국의 임상학자 토니 험프리스는 '가족의 심리학'이라는 책에서 이렇게 말했다.

사랑해서 아이의 행동을 바로잡아 주고 싶거든 행동과 아이를 분리하여 말해야 한다.

"숙제를 뒤로 미루는 건 좋지 않은 습관이야, 고쳤으면 좋겠다. 그래도 엄마는 아들을 사랑해."

"우리 딸은 너무나 사랑스러워, 그런데 지금처럼 고집 부릴 때는 엄마가 힘들어."

아이의 잘못된 행동과 관계없이 아이를 사랑한다고 말해줘야 한다. 그러면 아이는 엄마에게 혼나고 있더라도 사랑받지 못할까봐 불안에 떨지는 않는다. 엄마의 사랑을 얻기 위해 비위를 맞추거나 눈치를 보지 않아도 된다.

인간을 영어로 하면 'Human being'이다. 'Human doing'이 아

니다. 인간은 존재이고, 사랑은 그 존재를 사랑하는 것이다. 무엇인가를 잘 하기 때문에 아이를 사랑하는 것이 아니다. 아이 자체를 사랑해야 한다.

존재를 사랑할 때 아이는 부모의 사랑을 확신한다. 사랑받기 위해 몸부림치지 않는다. 자신의 에너지를 허비하지 않는다. 어딘가에서 자신을 인정받기 위해 애쓰지 않아도 된다는 말이다.

그러면 어떻게 될까. 아이는 공부에 몰입할 수 있고, 세상에 관심을 쏟게 된다. 자신의 미래를 고민하는 시간을 갖고, 꿈을 찾는데 열중한다. 비로소 자신을 위해 에너지를 쓸 수 있게 되는 것이다.

부모에게 한 번도 사랑받은 적이 없다고 항변했던 대학생 딸은 엄마의 끊임없는 지적의 말들을 떠올렸다. 언니와 비교해 좋은 대학에 들어가지 못한 딸에 대한 실망의 말들, 깔끔하지 못한 정리 습관, 부드럽지 않은 말투에 대한 지적의 말들만이 아이의 기억에 남아있다.

엄마는 아이의 미래를 걱정해서 말했다. 더 나은 사람이 되기를 바라는 마음으로 한 충고의 말들이었다. 자녀를 사랑해서 한 말들이었던 것이다. 그러나 엄마의 말은 모두 아이의 행동에 대한 평가였기에 부모의 사랑은 전달되지 못했다.

행동에 대한 지적, 행동에 대한 칭찬의 말이 아닌 아이의 존재 자체에 대한 사랑의 말을 하라.

# 아이의 가방을 대신 들어주는
# 부모의 심리

미국생활을 마치고 한국에 돌아온 지 얼마 되지 않았을 때였다.

전철 안에 엄마와 딸이 나란히 서 있었다. 엄마는 한 쪽 어깨에 자신의 가방을, 다른 한 쪽에는 딸의 가방을 메고 있었다. 딸은 어깨를 축 늘어뜨린 채 창밖을 멀뚱히 바라봤다. 딸이 많이 지쳐 있구나, 하는 생각을 하면서도 가방을 두 개씩이나 맨 엄마의 모습이 마음에 걸렸다.

딸을 위해 가방을 대신 들어주는 엄마는 좋은 엄마일까. 나쁜 엄마일까.

유학 시절 초등학교 바로 앞에서 살았다. 아침마다 등교하는 엄마와 아이들로 혼잡했다. 한동안 등교 풍경이 생소하게 느껴졌다. 혼자서 학교에 등교하는 아이들이 없었다. 거리가 멀어서 자동차로 데려다주는 경우 외에도 대부분의 부모가 아이와 함께 학교 앞까지 걸어갔다. 저학년 뿐 아니라 고학년도 마찬가지였다. 그 모습을 보면서 '안전을 최우선으로 여기는구나' 하고 생각했다.

등교 모습을 지켜보니 특이한 점이 있었다. 부모가 아이를 학교까지 데려다 준다고 해도 가방을 대신 들어주지는 않았다. 어린 학생들은 바퀴달린 가방을 끌고 갔다. 큰 아이들은 가방을 메고 갔다. 부모들은 빈손임에도 아이의 가방을 대신 들어주지 않았다. 그냥 아이 곁에서 함께 걸으며 이야기를 나눌 뿐이었다.

예전의 내 모습이 떠올랐다. 아이의 가방을 대신 든 채 등교 시간에 늦은 아이를 허겁지겁 잡아끌었던 생각이 났다. 어디 내 경우뿐이었으랴. 한국에서는 흔히 목격할 수 있는 풍경이었다.

미국의 등교 길에서 부모들은 아무도 대신 가방을 들어주지 않았다. 손을 맞잡지도 않았다. 그저 아이의 보폭을 맞춘 채 이야기를 나누며 걸을 뿐이었다.

### 아이와 걷는 모습에서 양육태도가 보인다

처음에는 무심히 지켜보았다. 등교 풍경이 익숙해지면서, 그 속에서 우리의 양육 태도를 비교해보게 되었다.

손을 잡는 것은 흔히 친밀감의 표현이다. 손을 잡음으로 부모와 아이는 연결됨을 느낄 수 있다. 그러나 단점도 있다. 손을 잡으면 부모는 아이를 자기 뜻대로 움직일 수 있다. 방향과 속도에서 모두 부모의 의지대로 잡아 끌 수 있다. 기다려주지 못하는 부모, 참견하는 부모, 주도성이 강한 부모가 아이의 손을 잡는다.

반대로 손을 잡지 않으면 아이를 잡아끌지 못한다. 빨리 걸으라고 요청할 수는 있지만 일방적으로 개입할 수는 없다. 아이의 생각과 판단을 인정하는 부모의 양육태도이다.

손을 잡지 않고 걸으려면 부모는 아이의 속도에 맞춰야 한다. 당연히 부모는 자신의 보폭을 버리고 아이의 속도대로 느리게 걸어야 한다.

어른의 속도에 따라오지 못하는 아이를 비난하며 앞에서 끌고 뒤에서 떠밀게 되면, 아이는 불안하고 당황한다. 위축된다. 점점 더 못하는 아이가 되고 만다. 부모가 아이의 속도에 맞춰 걷는다는 것은 아이의 입장을 이해하겠다는 뜻이다. 아이를 기다려주겠다는 표시요, 눈높이를 아이의 시각에 두겠다는 의지다.


곁에서 나란히 걷는 모습에서는 부모와 자녀 관계의 거리를 생각해 볼 수 있다. 부모 자녀 관계에는 적절한 거리가 필요하다. 손을 잡고 걷는 부모는 대부분 지나치게 밀착되어 있다. 부모가 아이 곁에 딱 붙어있다. 아이의 모든 일상에 부모가 개입한다. 그러다보니 간섭이 심하다. 너무 친해서 오히려 아이를 함부로 대하게 된다.

너무 먼 거리에서 걷는 것도 좋지 않다. 무관심은 아이를 외롭게 한다. 거리가 너무 멀어서 돌보지 못하게 되면 아이는 혼자서 방황하게 된다. 위험에 처할 수도 있다.

멀지도 가깝지도 않은 적절한 거리를 유지하는 것이 필요하다. 그것은 아이의 삶에 지나치게 개입하거나 간섭하지 않고, 아이를 그 자체로 인정하는 것이다.

부모는 아이의 삶을 지배하는 자가 아니다. 곁에서 나란히 걸으며 즐겁게 대화를 나누는 존재여야 한다.

### 자녀의 짐을 대신 져주지 마라

아이 곁에서 걷되 가방을 대신 들어주지 않는 모습은 나에게 무척 인상적이었다. 자녀를 위해 희생적인 삶을 사는 우리의 정서상 좀 매정하게 보이기도 했다. 그러나 그 모습에는 중요한 의미가 담겨있다. 올바른 양육을 위해 부모가 갖춰야 할 태도, 즉 경계와 제한이다.

우리는 자녀를 위해 희생하는 부모의 삶을 미덕으로 여긴다. 자녀의 짐을 대신 져주는 것은 당연시된다. 대학생이 되어도, 군대를 가도, 취업을 해도 부모는 자녀의 삶에 도움을 준다. 심지어 요즘은 결혼을 해도 부모의 도움을 받으며 사는 자녀들이 많다.

이들이 자신의 삶에 만족하며 행복감을 느낄 수 있을까? 그렇지 않다. 독립된 개인으로 서지 못하고 의존적인 삶을 사는 사람은 심리적 만족감을 맛보기 어렵다.

"부모가 자식을 위해 지나칠 정도로 많은 일을 해주는 것은 자식의 모든 수고를 덜어주면서 자식의 손을 자르고 이를 뽑아버리는 것이다. 물론 자식의 입장에선 편할 수도 있지만 세상만사가 그러하듯 편안함은 대가를 요구한다."

하인즈 피터로어가 "착한 딸 콤플렉스"라는 책에서 한 말이다.

경계와 제한이 없는 부모는 자녀를 나약하게 한다. 스스로 삶을 개척해가는 능력을 길러주지 못한다. 자기 성취감을 맛보지 못하는 아이들은 행복하지 않다. 갈등이나 위기의 상황에서 이겨낼 힘이 없어 쉽게 좌절하고 포기한다. 당장은 편할지 모르지만 결국 더 큰 고통을 만나게 된다.

그러므로 부모는 아이가 자신의 짐을 질 수 있도록 해야 한다. 그런 태도가 자녀의 자율성과 독립성을 발달시킨다.


미국 초등학교의 등교풍경에서 바라본 좋은 부모와 나쁜 부모의 모습을 이미지로 그려보자.

좋은 부모는 아이가 길을 갈 때 두렵지 않도록, 외롭지 않도록 곁에서 걸어준다. 부모 뜻대로 아이를 잡아끌지 않고, 적당한 거리를 두고 걷는다. 보폭을 아이에게 맞추고 걷는다. 마음을 나누는 대화를 하며 걷는다. 심리적 지지자의 모습이다.

그러나 아이가 해야 할 일을 대신 해주지는 않는다. 아이가 힘들더라도 스스로 자신의 일을 감당하도록 한다. 힘내라고 응원을 할 뿐이다. 아이를 지지하지만 행동에는 경계와 제한을 두는 것이다.

나쁜 부모는 반대의 모습이다. 부모의 계획대로 아이를 조종한다. 마음이 급하니 아이 손을 잡아끈다. 목표가 있기에 아이의 속도에 맞춰줄 수가 없다. 아이와 한가로이 마음을 나누는 대화를 할 시간이 없다.

게다가 아이의 짐을 대신 들어준다. 힘든 일은 부모가 대신 해주고, 아이는 부모의 목표를 달성하는데 힘써야 하기 때문이다. 혹은 무거운 가방을 들어야 하는 아이가 안쓰러워 대신 들어주기도 한다. 부모의 희생과 헌신이 자녀를 나약하게 하는 경우이다.

당신은 어떤 부모인가?

## 몸으로 희생하고 감정은 숨기는
## 잘못된 사랑법

한 엄마가 있었다. 살림이 넉넉하지 않아서 생선을 한 마리 사서 요리를 하면 가운데 토막을 자식에게 주고 자신은 머리와 꼬리만 먹었다.

어느 날 아들이 엄마에게 왜 머리와 꼬리만 먹느냐고 물었다.

"엄마는 머리와 꼬리를 좋아해. 생선은 머리와 꼬리가 더 맛있는 거야."

성인이 된 아들은 엄마의 생일날을 맞아 생선을 한 박스 가져왔다. 박스 안에는 생선의 머리와 꼬리만 가득 담겨 있었다.

엄마의 희생적인 사랑은 감동적이다. 그러나 아들은 그 사랑을 제대로 알지 못했다. 엄마는 몸으로 희생하며 자식을 사랑했지만 아들은 그 마음을 오해했다. 누구의 잘못일까.

모든 부모는 자식을 사랑한다. 아이가 그것을 느끼기만 한다면,

비뚤어지고 잘못될 리 없다. 하지만 아이가 부모의 사랑을 온전히 느끼는 일은 쉽지 않다. 때때로 사랑을 미움이나 간섭으로 받아들이기조차 한다. 왜일까? 일차적으로 부모가 사랑의 전달 방법을 제대로 알지 못한 탓이다.

나의 어머니도 자식에게 희생적이었다.

당신의 우선순위는 언제나 자식이었다. 학창시절 제법 공부에 두각을 나타낸 나에게는 집안일을 시키지 않았다. 힘들어도 엄마가 도맡아 하셨다. 당연히 나는 살림살이를 깔끔하게 해내지 못했다.

결혼 후에도 엄마는 딸의 집을 청소해주셨다. 가끔씩 방문하면 집안 구석구석을 정리하고 청소하느라 바빴다.

그럼에도 어머니의 수고와 사랑은 나에게 온전한 감동으로 전해지지 않았다. 늘 잔소리와 질책이 동반되었기 때문이다. 살림에 서툰 딸을 가르치려는 의도였고, 당신 방식의 사랑이었을 것이다. 하지만 질책과 잔소리 때문에 엄마의 사랑은 감사와 감동이 아닌, 오히려 갈등의 원인이 되곤 했다.

부모의 사랑이 있는 그대로 전해지면 얼마나 좋을까.

그러나 사랑이 저절로 전달되는 건 아니다. 전달되는 것은 감정이다. 사랑의 행위가 아니라 사랑의 감정인 것이다. 사랑의 감정은 말을 통해 전해지고, 부모의 말을 통해 자신이 이해받고 있다고 느낄 때 자녀는 사랑을 전달받는다.

자식 자랑하면 팔불출이라고 했다. 우리는 남들 앞에서 자식 자랑하지 말라고 암묵적으로 세뇌당해 왔다. 그래서 예뻐하는 마음을 숨기고 표시를 내지 않았다. 오히려 남의 집 아이는 칭찬하고 우리 아이는 못났다고 부족하다고 깎아내리는 것을 예의로 여겼다.

영아 사망률이 높았던 시대에 귀신이 시샘해서 아이를 데려갈지도 모른다는 불안이 우리의 그런 문화를 만들어냈다. 귀한 자식을 오히려 천하게 대했다. 예쁘고 잘난 자식일수록 '개똥이', '강아지', '못난이'로 불렀다. 그래야 안전하게 자랄 수 있다고 믿었기 때문이다.

요즘 젊은 세대는 달라지고 있다. 남의 시선에 상관없이 아이들에게 사랑을 표현한다. 그럼에도 여전히 남들 앞에서 내 아이를 자랑하는 것만은 자연스럽지 않다.

미국에서는 남에게 가족들을 소개할 때 다양한 수식어들을 사용한다.

"이 아이는 나의 예쁜 딸(my pretty daughter) 조이입니다."

"이 아이는 나의 소중한 아들(my precious son) 데이빗입니다."

가까운 사람들에게 뿐 아니라 대중들 앞에서 아이를 소개할 때도 이런 수식어를 쓴다. 사랑스런 아들(lovely son), 다정한 딸(sweet daughter), 아름다운 딸(beautiful daughter).

사람들 앞에서 이런 소개를 받는 아이의 심정은 어떨까 생각해본다.

"이렇게 사랑스러운 딸을 여러분께 소개합니다."

부모가 이렇게 자신을 소개했을 때 아이는 얼마나 뿌듯하고 당당할까. 부모에게 사랑받고 인정받고 있다는 느낌에 스스로가 자랑스러우리라.

그들은 평소에도 아이들을 부를 때 허니(honey) 혹은 스위디(sweety)라고 한다. 일종의 별칭인데 듣기만 해도 기분 좋아질 이름들이다.

아이와 의견이 달라 충돌이 일어났을 때도 마찬가지다. "허니" 또는 "스위디"라고 부르며 이야기를 시작한다. "사랑하는 딸아", "소중한 아들아"라고 부른 부모의 마음은 한결 누그러질 것이다. 아이 역시 엄마의 훈계가 상처로 다가오지 않을 것이다.

우리는 어떤가?

"우리 집 문제아, 큰 놈입니다."

"우리 막내, 골치 덩어리 진수입니다."

이런 소개를 받는다고 해보자. 부모에게는 겸손의 표현이겠지만 아이에게도 그 의도가 전해질까. 아이는 부모가 자신을 창피하게 여긴다고 생각할 것이다. 이러한 일이 반복되다 보면 아이는 수치심을 느끼게 된다. 수치심은 단순한 부끄러움이 아니다. 자신이 무가치한 존재라는 생각을 만들어낸다. 특히 어린 시절의 수치심은 부정적인 이미지로 발전해 자존감을 떨어뜨린다.

사랑한다고 해서 그 마음이 저절로 전달되진 않는다. 오히려 반대로 전해질 수도 있다.

### 자식사랑 몸으로 희생하지 말고 감정으로 표현하라

우리의 부모 세대에게 자식 사랑은 행위였다. 감정이 아니었다.

땅도 팔고 집도 팔아서 자녀를 뒷바라지하는 희생이, 내가 먹고 싶어도 참고 자식 입에 맛있는 음식 넣어주는 헌신이 사랑의 행위였다. 그러나 그런 행위만으로는 충분하지 않다. 감정이 표현되지 않으면 사랑은 제대로 전달되지 않는다.

자식 자랑하면 팔불출이라는 관념에 사로잡혔던 우리의 부모. 희생과 헌신의 사랑을 주면서 정작 사랑의 감정은 숨겼다. 남 앞에서는 더 엄격하게 대했다. 습관이 되어 버릴까봐 한 치의 실수도 용납하지 않았다. 더 잘하라고 날마다 혼냈다.

이런 사랑은 아이들에게 전달되지 않는다. 사랑의 감정을 속으로 감췄기에 아이는 사랑받았다고 느끼지 못한다.

유학시절, 미국인 동료들에게 말한 적이 있다. 한국에서는 대학을 졸업할 때까지 부모가 학비를 대주는 것은 당연하다고.

그들은 몹시 놀랐다. 이해할 수 없다는 반응을 보였다. 부모로부터 일찍 독립해 학비를 벌어가면서 어렵게 공부를 하는 것이 그들에게는 당연했다. 자기들도 한국 부모를 갖고 싶다고 말해 웃었던 기억이 난다.

자녀를 위해 희생하고 끝까지 뒷바라지 해주는 것이 우리에겐 미덕이다. 당연한 일이다. 그러나 그 사랑의 행위와 더불어 사랑의 감정이 표현되지 않는다면, 건강치 못한 사랑이 된다.

중년의 한국 엄마들에게 유독 많이 나타나는 심리현상이 있다. '빈둥지증후군'. 자녀가 성장해 부모 곁을 떠날 때 찾아오는 허전함과 우울감에서 비롯된다. 물론 우리나라에만 있는 현상은 아니다.

정신분석학자 융의 의하면, 사람들은 40세를 전후로 이전에 가치를 두었던 삶의 목표와 과정에 의문을 제기하며 중년기 위기를 맞는다. 자녀가 성장하여 부모의 곁을 떠나가는 시점과 폐경기 중년 여성의 호르몬 감소가 맞물려 나타나는 현상인 셈이다.

입시가 끝나고 나면 '빈둥지증후군'으로 병원을 찾는 엄마들이 많다. 자녀를 좋은 대학에 보내기 위해 온갖 희생을 다한 뒤 겪는 심리적 허전함 때문이다.

이러한 허전함이 유독 심각한 경우가 있다. 행위적인 사랑에 몰두하고 감정적인 사랑을 나누지 못했을 때이다. 사랑의 감정이 전달되지 못했기에 자녀가 떠나고 나면 엄마는 쓸쓸함과 외로움에 빠져들게 된다. 건강한 분리가 이루어지지 못하고 심리적 단절감을 느끼게 되는 것이다. 감정적인 사랑이 동반되지 않는다면, 엄마의 희생은 자녀에게 부담으로 작용할 뿐이다.

자신의 인생을 포기하고 자녀에게 헌신하는 희생적인 사랑을 멈추자. 행동으로만 보여주는 사랑은 쓸쓸한 사랑이 된다. 자녀가 알지 못한다.

사랑은 감정이다. 자녀 사랑도 이와 같다. 나는 너 때문에 행복하다고, 너를 사랑한다고, 너는 소중하다고, 말로 감정으로 눈빛으로 표현해야 한다.

물론 행동으로 보여주는 사랑은 감동적이다. 그러나 감정으로 표현되는 사랑은 더 중요하다. 그동안 사랑의 행동에 치중했다면, 이제는 사랑의 감정을 보여주는 부모가 되자.

# 엄마는 괴롭고, 아이는 외롭다

서울의 한 교육청에서 학교폭력 가해자 부모들을 대상으로 부모 교육을 했다.

시작하는 분위기가 싸늘했다. 가해자가 된 아이들처럼 부모들도 냉소적인 눈빛을 하고 있었다. 가해자의 부모라는 꼬리표를 붙이고 의무 교육을 받아야 하니 심기가 편할 리 없다. 아이에 대한 원망과 보호자로서의 수치감, 그리고 학교나 상황에 대한 억울함 등이 교차하고 있을 그들의 복잡한 마음이 느껴졌다.

지금 현재 자신의 마음을 그림으로 표현해보도록 했다. 평범한 집 한 채와 주변에 나무들을 그린 A씨에게 무엇을 표현하고 싶었는지 물었다.

"그냥 평화로운 가정을 그리고 싶었어요. 더 바라는 것 없어요. 우리 식구 모두 평범하게, 평화롭게 살고 싶어요. 다들 저랑 비슷한 마음일 거예요."

그저 밋밋한 설명의 집 그림 한 장. 그런데 A씨는 울먹이며 말했다. 여기저기서 훌쩍이는 소리가 들렸다. 지금 평화롭지 못한 상황에 처해 있는 부모들에게 같은 의미로 전달되는 그림이었고, 간절함의 표시였다.

냉소적인 눈빛 속에 감춰져 있었던 연약한 마음들이 건드려지는 순간이었다.

"애한테 좋은 환경 만들어주려고 애썼어요. 왜 이렇게 되었는지 모르겠어요. 집안에 웃음이 없어졌네요."

A씨의 솔직한 고백에 분위기는 갑자기 뜨거워졌다. 비슷한 상황에 대한 공감대가 형성되면서 나눔이 활발해졌다.

A씨에게 질문을 했다.

"그림에 대해 많은 어머니들이 공감하고 눈물을 보이셨어요. 지금 기분이 어떠세요?"

"외롭지 않아졌어요. 나만 힘든 게 아니구나 하는 생각이 드네요."

공감을 받으니 외롭지 않다고 했다. 혼자가 아니라는 생각이 들었다고 했다. 반대로 공감을 받지 못하면 어떤가? 외롭다. 혼자라는 생각이 든다. 외로우면 방황한다. 자신의 외로움을 채워줄 누군가 혹은 무엇인가를 찾아 헤맨다.

외로움은 비단 엄마에게만 닥친 감정일까. 혹시 우리 아이들도 외로움에 남몰래 눈물짓고 있는 것은 아닐까.

'친구 따라 강남 간다.'는 속담이 있다. 친구가 강남에 간다하니 무조건 따라가는 것이다. 자기 할 일도 제쳐두고 모든 일을 뒤로 하고 그저 친구만 따라가는 줏대 없는 행동을 말한다.

어떤 아이가 친구 따라 강남에 갈까? 단언컨대 부모에게 공감 받지 못하고 있는 아이다.

감정을 공감 받지 못한 아이는 가슴에 구멍이 뚫려 있다. 채워지지 않는 구멍이다. 아무도 자기를 알아주지 않을 때 느껴지는, 허전함에 감싸인 구멍이다.

부모에게 공감 받지 못했다면, 아이는 나름 돌파구를 찾는다. 부모가 아닌, 다른 사람에게라도 그 보상을 받아 구멍을 채우려고 한다. 사춘기가 되면 친구가 그 대상이 된다.

발달 단계상 부모보다 친구에게 더 마음이 끌리는 시기인 사춘기. 이 시기 아이들의 친구 의존도는 매우 강력하다.

사춘기에 접어든 아이가 반항을 시작했다. 학교에서 문제를 일으켰다. 폭력 사건이 일어났는데 아이가 가해자 그룹 중의 한 명이라고 했다. 학교에 가보니 아들이 불량스러워 보이는 아이들과 나란히 앉아 있었다. 경미씨의 가슴이 철렁 내려앉았다. 도무지 그 사실을 받아들일 수 없었다.

"초등학교 때까지 너무 얌전하고 모범생이었거든요. 속 한 번 썩인 적이 없는 애예요. 그런데 친구를 잘못 만난 거예요. 중학교 가서 나쁜 친구들을 만나서 애가 변해 버렸어요."

그녀 역시 당황한 다른 엄마들처럼 말했다. 나쁜 친구를 만나서 아이가 물들었다고. 학교를 전학시키고 이사를 갈까 고민 중이라고 했다.

과연 이사를 가면 문제가 해결될까? 친구들과 떼어 놓으면 아이는 예전의 그 순한 아이로 돌아올까?

오히려 문제는 악화된다. 아이는 이해하려들지 않고 믿어주지 않는 부모에게 실망하게 된다. 친구를 떼어놓으려는 태도에 분노한다. 부모와의 관계가 더 나빠진 아이는 그 허전함을 달래기 위해 또 다시 비슷한 아이들을 찾게 된다.


감정은 강물과 같다. 흐르고 통하게 되어 있다. 외로운 아이의 눈에는 외로운 아이가 보인다. 상심한 아이의 눈에도 뭔가 고민이 있는 아이가 보이고 저절로 마음이 간다. 그 아이가 외롭고 허전한 마음을 털어놓았을 때, 둘은 서로의 마음을 충분히 공감한다.

열 명의 뛰어난 상담자보다 같은 경험을 한 친구 한 명이 등을 쓰다듬어 주는 것이 더 큰 위로가 된다. 같은 기분을 느껴본 친구의 공감과 위로는 아이들을 급속도로 결속시킨다. 부모가 알아주지 않았던 마음을 친구가 알아주고 이해해주고 공감해줄 때, 아이들은 놀라울 정도로 강한 유대를 맺는다.

그 아이가 어른에게 어떤 평가를 받는지, 어떤 비행을 저지르는 아이인지는 문제가 되지 않는다. 자기 마음을 알아주는 친구, 그것으로 충분하다. 친구 따라 강남 가는 아이가 되는 것이다.


외로운 아이들은 때로 사람이 아닌 대상에게서 위로를 받고자 한다. 외로움을 달랠 수 있는 대상에 집착하여 중독으로 이어진다. 알코올, 게임, 도박, 성에 빠져든다.

Morahan-Martin & Schumacher는 그의 논문에서 외로움이 인터넷이나 스마트폰 중독에 영향을 미친다고 발표했다. 그 외 많은 연구 논문에 의하면 외로움의 수준이 높을수록 인터넷 중독이나 휴대폰 과다 사용이 보고되고 있다.

일부 부모들은 감정을 알아주지 않는 것이 가져오는 결과들에 대해 의심한다. 지나친 비약이라고 말한다. 그러나 미국 UCLA 알렌쇼어 박사가 이끄는 연구팀이 그 가능성을 뒷받침하는 결과를 보여주었다.

연구팀은 3세 아동의 뇌 사진 2장을 발표했다. 부모의 사랑을 받고 자란 정상 아이, 방치당한 아이의 뇌 사진이었다. 뇌는 크기 면에서 현저한 차이를 보였으며 모양도 달랐다. 정상아이의 뇌는 꽃처럼 활짝 펼쳐져 있었다. 그러나 방치한 아이의 뇌는 쪼그라져 있었다.

연구팀은 사랑받고 성장한 뇌는 장차 지적 능력과 사회성 발달에 뛰어날 가능성이 높다고 분석했다. 반면 사랑받지 못한 뇌는 충동을 조절하지 못해 마약 중독, 폭력 등의 각종 범죄와 연관될 가능성이 더 높다고 했다. 또한 정신 건강과 각종 다른 질병에도 더 쉽게 노출될 우려가 있다고 덧붙였다 사랑은 실체가 없다. 눈에 보이지 않는다. 느껴지는 것이다. 아이의 마음을 알아줄 때 아이는 사랑받고 있다고 느낀다.

### 아이가 외로웠을 거라는 생각이 이제야 드네요

발표하며 눈물을 훔쳤던 A씨가 말했다.

"잘 먹이고 잘 입히고 좋은 환경 주면 잘하는 줄 알았어요. 오늘 말씀을 듣고 보니 우리 아이가 참 외로웠을 거란 생각이 드네요."

엄마는 아이의 마음을 알아주지 못했던 자신의 모습을 돌아봤다. 아이가 왜 그렇게 방황을 하고 사고를 치고 다니는지 원망스럽기만 했었다. 하지만 알았다. 아이는 외로웠다. 외로움을 달래려고 몸부림을 쳤던 것이다. 결국 가정에서 아이를 알아주고 인정해주지 못했던 탓이었다.

아이의 행동을 보지 말고 그 밑에 있는 마음을 보아야 한다. 마음을 알아주지 않을 때 아이들은 외롭다. 허전하다. 그 외로움을 달래기 위해 밖으로 떠돈다. 무언가 다른 대상에 집착한다.

마음을 알아주고 공감해주라. 아이는 방황을 멈출 것이다.

# 하루 종일 대화했는데
# 대화가 부족한 이유

하루 종일 아이와 씨름한 엄마.

눈을 뜨면서부터 잠들 때까지 아이와 무수한 말들을 주고받는다. 그런데 메스컴이나 통계에서는 집집마다 대화가 부족하다고 한다. 엄마의 사랑이 부족해 아이들은 반항을 하고, 대화가 부족해 사춘기가 되면 방황을 한다고 한다.

무엇이 잘못된 것일까?

엄마들은 노심초사 아이들만을 위해서 하루를 보냈는데 왜 이런 일들이 일어나는 것일까?

대화란 무엇인지, 그 정의부터 살펴보자. 대화는 영어로 conversation이다. 이것은 A라는 사람이 말하면 B라는 사람이 대답하는 형식을 띤 문장 형태를 말한다. 두 사람이 주고받는 말을 conversation이라고 하는 것이다. 우리말의 '대화'도 마찬가지 뜻을 지니고 있다. 마주 대하여 이야기를 주고받는 것이다.

표면적으로, 우리는 하루 몇 분이 아니라 몇 시간의 대화를 하면서 살고 있다. 그러나 진정한 의미에서, 왜 몇 분의 대화도 나누지 않는다고 말하는가.

아침에 일어나기 싫어하는 아이를 깨우는 엄마와 아들의 대화를 생각해보자.

"아들아, 일어나, 학교 가야지."
"싫어, 졸려, 조금 더 잘래."
"그러면 늦어, 빨리 일어나."
"아, 몰라."
"빨리 일어나. 넌 아침마다 왜 이렇게 힘들게 하니?"
"아, 진짜......."
"벌써 8시야, 그러니까 저녁에 늦게까지 있지 말고 일찍 자란 말이야. 밤에 늦게 자니까 아침에 일어나기 힘들지."
"학교 가기 싫다."
"쓸데없는 소리 하지 말고 얼른 씻어."

엄마와 아들은 이야기를 주고받았다. 이것은 대화인가? 대화라고 할 만한가?

대화는 소통의 도구이다. 그런데 아들은 엄마와 소통하고 있는 느낌을 받지 못할 것이다. 일어나기 싫은 마음과 학교 가기 싫은 아이의 마음은 엄마에게 통하지 않았다. 엄마는 알아주지 못했다.

아침마다 일어나기 싫어 투정하는 아들을 짜증의 말로 비난한다. 앞으로 일찍 자라고 해결책을 제시한다. 학교 가기 싫은 아들의 마음을 쓸데없는 소리라고 무시해버린다.

엄마와 아들은 말을 주고받고 있을 뿐이다. 소통하는 대화는 아니다. 엄마의 짜증은 더 깊어졌을 것이고, 아들은 답답하고 무거운 마음으로 아침을 시작해야 할 것이다.

엄마와 아들의 대화가 이런 모습이면 어떨까?


"아들아, 일어나, 학교 가야지."

"싫어, 졸려, 조금 더 잘래."

"많이 피곤하구나. 어쩌지? 그런데 일어날 시간이 됐어"

"아, 몰라."

"큰 일 났네, 우리 아들이 피곤해서 눈꺼풀이 안 떠지네? 엄마가 좀 도와줄까?" (볼과 눈을 어루만지며 쓰다듬는다.)

"아, 진짜......."

"앗, 눈이 떠졌다. 어제 늦게 자서 피곤하구나? 오늘은 학교 갔다 와서 푹 쉬고 일찍 자자."

"학교 가기 싫다."

"학교 가기 싫지? 엄마도 그랬어. 그래도 우리 아들 매일매일 학교 잘 가니까 기특해."

대화란 감정을 주고받는 것이다. 감정을 듣고, 감정을 말하고, 감정을 소통하는 것이다.

밤에 늦게 잔 아이가 아침에 일찍 일어나기 싫은 것은 당연하다. 아이가 그 싫은 감정을 말할 때, 부모가 그 싫은 감정을 들어주면 감정이 소통된다.

부모가 아이의 싫은 감정을 들어주지 못하는 이유는 분명하다. 걱정과 불안 때문이다.

싫은 감정을 들어주면 아이가 학교에 늦을까봐 염려가 된다. 아침마다 늦잠자고 늑장부리는 게 습관이 될 것도 걱정이다. 점점 학교 가기 싫어하고 공부에 흥미를 잃어버리면 어쩌나 불안하다. 그래서 아이의 나쁜 감정을 없애주려고 한다. 불행하게도, 부모의 방법으로 아이의 감정은 해결되지 않는다.

첫 번째 대화의 예에서, 엄마는 아침에 힘들지 않으려면 저녁에 일찍 자야한다고 설명해준다. 아이의 감정을 이해해주지 않았기 때문에 아이는 엄마의 충고를 거부한다. 두 번째 대화의 예에서, 엄마는 같은 뜻의 말을 했다. 그러나 피곤한 감정을 이해받은 아이는 엄마의 말을 기억한다.

학교 가기를 좋아 하는 아이들은 몇이나 될까? 대부분 힘들고 고달프지만 친구가 있고 공부를 해야 하니까 학교에 간다고 해도 틀린 말이 아닐 것이다.

아이가 학교 가기 싫다고 말할 때, 부모는 우선 그 원인이 어디에서 오는 건지 관심을 가지고 들어보아야 한다. 학교 폭력과 왕따 문제 등이 심각하기 때문에 학교생활에 실제적인 어려움이 있는지를 알아보아야 한다. 부모조차 무심히 여겼다가 뜻밖의 결과를 빚을 수 있기 때문이다.

학교 가기 싫은 원인이 특별치 않다면 어떻게 해야 할까. 부모는 아이의 감정을 듣고 이해해 주면 된다.

'아이가 학교가기 싫다고 하니 큰일 났다.'고 생각해 걱정 섞인 설교와 비난조의 훈계를 하지 말아야 한다. 오히려 아이의 마음을 닫게 하는 결과를 가져온다. 그 마음을 알아주는 것만으로 족하다.

가기 싫지만 가야 하는 곳이 학교라는 사실을, 아이도 잘 알고 있다. 단지 그 마음을 엄마가 알아주기를 원할 뿐이다. 엄마의 지나친 염려가 오히려 아이와의 관계를 망치고 대화를 단절시킨다.

소통은 대화가 될 때 이루어진다. 대화는 감정을 주고받는 것이다. 따라서 부모가 자녀와 소통하려면 아이의 감정을 알아야 한다.

### 감정을 모르면 관계가 어렵다

"우리 부부는 소통이 되지 않아요. 처음부터 그랬어요. 남편이 사소한 이야기는 잘 하는데 진짜 속 얘기는 안 해요. 한 번도 자기 속얘기를 한 적이 없어요. 그러려면 왜 결혼했는지 모르겠어요."

부부 갈등으로 상담실을 찾은 상미씨가 말했다.

상미씨가 원하는 '속 얘기'가 무엇이냐고 물었다. 자기 감정에 관한 이야기라고 했다. 남편이 자기 힘든 이야기도 안할 뿐더러 상미씨의 감정을 알아주는 이야기도 하지 않는다는 것이었다.

상미씨는 남편 직장을 따라 고향인 부산을 떠나 서울로 이사를 했다. 남편은 아침 일찍 출근해서 저녁 늦게 돌아왔다. 낯선 환경이 힘들었다. 친정 식구가 그리웠다. 남편은 그 마음을 알아주기는커녕 다른 사람들도 다 그렇게 산다고 잘라 말했다.

남편이 2년간 필리핀 주재원으로 근무한 적이 있었다. 상미씨는 어린 자녀와 함께 한국에 남아있었다. 외롭고도 힘든 시간이었다. 남편은 상미씨의 심정을 알아주지 못했다. 서로 합의한 거 아니었냐고, 이제 와서 왜 자기 탓을 하느냐고 남편은 불만스럽게 말했다.

상미씨는 남편이 속 이야기를 하지 않으니 거리감이 생긴다고 했다. 서운함과 외로움을 넘어 분노로 가득 차 있었다.

한편 남편은 억울하다는 표정이었다.

"도대체 뭘 얘기하라는 건지 모르겠어요. 제가 뭘 이야기를 안 한다는 건지."

남편 또한 번번이 자기 맘을 알아주지 않는다고 말하는 아내가 서운했다. 자신을 탓하고 비난하는 것처럼 느껴지니 아내에게 할 말을 잃어갔다. 두 사람의 마음은 점점 멀어져갔다.

상담을 진행하면서 상미씨는 새로운 사실을 알게 되었다. 남편은 아내의 감정을 외면한 것이 아니었다. 감정을 느끼지 못하는 것이었다. 아내가 싫어서 자기 속 이야기를 하지 않은 것도 아니었다. 자신의 감정을 몰라서 말하지 않았던 것이다. 당연히 아내의 감정도 알지 못했다.

오랫동안 상미씨는 남편이 자신을 사랑하지 않는다고 생각했다.

자신에게 관심이 없다고 판단해 왔다. 그래서 외롭고 쓸쓸했다. 그럴수록 남편을 비난하고 몰아세웠다.

남편을 오해했던 상미씨가 마침내 마음을 열었다. 남편을 이해하게 되었다. 회복의 길로 들어선 셈이었다. 부부는 감정 단어를 배우고 표현하는 연습을 통해 서서히 친밀해져갔다.

친밀감은 자신의 감정을 표현하고, 상대의 감정을 알아줄 때 만들어진다. 힘든 감정, 좋은 감정, 안타까운 감정, 속상한 감정, 사랑하는 감정...... 이러한 감정을 여과 없이 나눌 때 관계는 친밀해진다.

그동안 남편은 왜 아내의 감정을 몰랐을까?

케임브리지대 심리학과 사이먼 배런 코언교수는 '그 남자의 뇌, 그 여자의 뇌'에서 다음과 같이 밝혔다.

"진화과정을 통해 여자의 뇌는 '공감하기'에 더 적합하게 프로그래밍 되고, 남자의 뇌는 '체계화하기'에 더 적합하게 되었다."

그렇다. 남성은 여성에 비해 공감 능력이 떨어진다. 공감의 언어보다는 목표와 성취, 문제해결적인 언어를 더 많이 사용한다.

공감 능력이 특히 떨어지는 사람은 슬픈 상황에서 슬픔을 느끼지 못한다. 살면서 특별히 가슴 아픈 일도, 특별히 기쁜 일도 없다. 모든 감정을 강렬히 느끼지 못하는 것이다. 아내의 감정, 남편의 감정, 자녀의 감정을 모르는 것은 자연스러운 일이다.

남성의 공감 능력이 떨어지는 원인에 사회적 요인도 한 몫을 한다. 성장과정에서 그렇게 학습되어졌기 때문인 경우가 많다. 특히 성에 대한 선입견이 남성의 감정을 억누르는 원인이 된다. 어린 시절 부모가 성에 대한 편견을 가지고 있었다면 감정을 표현하는 일이 더욱 어려워진다.

"사내자식이 그렇게 쉽게 울면 못써."
"남자가 무슨 말이 그렇게 많아."
"남자는 힘들어도 참아야 돼."

이런 메시지를 받고 자란 남자 아이는 생각하게 된다. 감정을 쉽게 내보이면 안 된다는 것을. 특히 감정을 표현했을 때 조롱을 받거나 혼이 나는 등 부정적인 반응을 경험했다면, 아이는 감정 표현이 나쁘다는 인식을 갖게 된다. 자신의 감정을 억누르고 회피한다. 아이는 점점 감정을 다루는 일이 어렵게 느껴진다. 결국 감정을 느끼지 못하는 사람이 되어버린다.

어려서부터 부모가 감정을 외면하고 아이와 일상에 관한 말들만 주고받는다면, 아이는 감정을 모르는 성인으로 자랄 가능성이 높다.

로렌스 J. 코헨은 '아이와 통하는 부모는 노는 방법이 다르다'에서 이렇게 말하고 있다.

"남자 아이들은 탐험과 도전을 적극적으로 권유 받고 있는 반면, 두렵거나 외롭거나 슬플 때 홀로 방치된다. 나이가 점점 들어갈수록 홀로 방치되는 수준에서 그치지 않고 그런 감정들을 표현한다는 이유만으로도 야단을 맞는다. 그러므로 남자 아이들에게는 결합과 감정에 더욱 관심을 기울이는 놀이가 필요하다."

자폐증 환자나 사이코패스의 경우 공감 능력이 결여되어 있다. 감정을 느끼지 못하는 것이다.

자폐증은 병적인 문제로 인지적 공감능력이 결여된 것이다. 사이코패스는 정서적 공감능력이 결여된 경우로, '뇌의 감정 스위치라고도 불리는 편도체의 발달이 저하'되어 있기 때문이다.

정서적 공감능력이란, 다른 사람의 처지가 되어보고 그들의 감정을 공유하는 것이다. 인지적 공감능력은, 처한 상황과 관점을 이해할 수 있는 해석을 동반하는 것이다.

EBS의 다큐멘터리를 책으로 엮은 '감각의 제국'에서 한 가지 실험을 소개하고 있다.

'샐리&앤 테스트'라는 공감능력 테스트를 통해 아동의 인지적, 정서적 공감능력을 평가했다. 9~10년 뒤 학교 폭력의 가해나 피해 여부를 조사했다. 그 결과는 4~5세에 인지적 공감능력의 결함이 있던 아이가 청소년기에 학교 폭력의 피해 학생이 되었다. 정서적 공감능력이 결여되었던 아이는 10년 후 가해학생이 되는 경우가 많았다.

상대의 감정을 공유하지 못하고 처한 상황에 대한 해석도 하지 못한다면 어떠한 결과를 빚을까. 사회생활에서도, 개인의 삶에서도 성공하지 못한다. 좋은 대학에 진학하고 좋은 회사에 취직을 해도 행복하기 어렵다. 아내와의 소통에 미숙하니, 당연히 화목한 가정을 이루기도 어렵다.

아이들은 자신의 감정을 알아주는 부모에게 감정단어를 배운다. 자신의 감정은 물론 상대방의 감정을 이해하게 된다. 모든 인간관계와 사회생활이 쉬워지는 것이다. 아이의 미래가 밝게 열린다.

어린 시절 부모와의 애착 관계가 자녀의 정서발달에 절대적으로 필요하다는 의미이다. 어려서부터 자녀의 감정을 알아주는 부모의 태도가 중요하다.

이제, 아이의 감정을 들여다보자. 아이와 감정이 담긴 대화를 나누자.

# 관계를 왜곡시키는 인정욕구

"아이가 학교를 자퇴하고 가출했어요."

덤덤한 목소리로 말하는 정순씨. 그만 내 가슴이 쿵 내려앉았다. 자식의 자퇴와 가출을 지켜보는 부모의 아픔을 어떻게 만져줘야 할지 걱정이 되었다.

여고생인 딸이 학교생활에 적응하지 못하고 힘들어했다. 머리카락을 습관처럼 뽑아 한 움큼씩 책상에 뭉쳐놓곤 했다. 숭숭 뚫린 구멍 때문에 가발을 쓰고 다녔다. 그리고는 끝내 자퇴.

집에서 인터넷 채팅을 하던 딸이 채팅으로 만난 언니를 따라 가출을 했다. 일주일 만에 경찰의 연락을 받고 딸을 찾으러 간 부모는 충격적인 소식을 들었다. 언니를 통해 만나게 된 남학생 2명과 함께 술집과 오락실을 전전하며 지냈다고 한다. 딸이 자동차를 훔쳐 타고 다니며 소매치기를 하는 모습이 CCTV에 고스란히 잡혔다. 함께 있던 남학생들은 지명 수배자였다.

경찰이 아이를 데리고 가라고 했다. 아이의 범죄를 단순 가담 행위로 파악한 때문이었다.

그런데 당황스럽게도, 아이는 집으로 돌아가지 않겠다고 했다. 그 생활이 즐겁다고 했다. 아무도 자신을 열등생으로 여기지 않고, 있는 그대로 봐주니 편하고 좋다는 것이었다.

정순씨는 정수기회사 코디로 근무하면서 늘 바빴다. 수시로 고객을 방문해야 했기에 집안 살림은 물론 아이를 돌볼 여유도 없었다. 남편은 일용직에 근무하는데 거의 매일 술을 마셨다. 술을 마신 날은 폭언을 쏟아 붓고 가재도구를 부쉈다.

딸은 부모로부터 인정과 관심을 받지 못했다. 학교에서도 따돌림 대상이었다. 오직 자신의 존재를 인정해 준 것은, 가출한 곳에서 만난 무리들이었다. 그들과 함께 지내면서 비로소 살아 있는 느낌을 받았다. 강도질이 도덕적으로 옳은 일인지 그릇된 짓인지 중요하지 않았다. 딸은 판단할 필요조차 느끼지 않았다. 인정받는 느낌만이 중요했기 때문이었다.

부모가 채워주지 못한 사랑과 인정은 딸의 마음을 허전하게 했고, 그 허전함을 채우고자 세상을 헤매게 했다.


이처럼 부모로부터 충분한 사랑과 인정을 받지 못했을 때, 그들만의 관계로 마무리가 되지 않는다. 모든 인간관계마저 왜곡시키고 만다.

판잣집에 살면서도 전 재산을 기부하는 사람, 자신의 용무보다

타인을 돕는 일에 더 열중인 사람, 자신을 필요로 하면 어디든 서슴 없이 달려가는 사람....... 물론 대부분 순수한 의도로 움직이고 있는 것이다. 그러나 내면을 살펴보면 인정 욕구에서 비롯되는 경우가 많다. 그 행위를 통해서 자신이 괜찮은 사람임을 인정받고, 자기 가치를 확인하고자 하는 것이다.

애인을 만나면 끝없이 배려하려는 사람이 있다. 양보와 희생으로 자신의 존재를 인정받고 싶기 때문이다. 그러나 결과는 참담하다. 일방적으로 무시당하거나 버림받기 쉽다. 결국 인정 욕구가 관계를 왜곡시킨 셈이다.

"어린 시절 생존하기 위해 부모의 사랑이 필요했다면 성인에게는 주변의 인정이 필요하다"

심리학자 에릭 번(Eric Berne)은 말했다.

이처럼 인간은 자신의 가치를 인정받고자 몸부림친다. 누군가에게 인정받는 것은 본능적 욕구요, 생존을 위한 필수적인 에너지요, 사회생활을 원만하게 이끌 성장의 사다리다.


부모의 인정을 받지 못하면 인정에 목마르다

"저는 엄마에게 인정받으려고 별짓 다했어요. 엄마가 이상한 일본 종교를 믿었는데 제가 엄마 아바타로 거기를 따라다니기까지 했어요. 친구들이 알까봐 조마조마했지만 엄마의 사랑받으려고 간 거죠. 안 가면 엄마가 엄청 냉랭하게 대했거든요."

아이가 자신의 뜻대로 움직이지 않을 때, 지은씨의 엄마는 사랑을 거두었다. 마음을 닫고 무관심을 드러냄으로 아이를 조종했던 것이다.

지은씨는 늘 불안했다. 얼음장처럼 차가운 엄마의 눈빛을 견디기 힘들었고, 도리 없이 엄마의 말을 따랐다.

아이들은 부모의 인정을 받기 위해 자신의 모든 에너지를 쓴다. 자신의 존재가 소중한지, 사랑받을 만한지 확인받으려 온 힘을 기울인다. 아이로선 필사적인 노력이다. 그러나 부모는 예사롭게 여기거나 눈치조차 채지 못한다.

부모의 인정을 받지 못한 아이는 인정에 목마르다. 부모가 아닌 다른 누군가에게라도 그 인정을 받으려 한다. 자신을 사랑하고 인정해줄 사람을 찾는다. 만나는 사람에게 매달리고 집착한다. 자신을 사랑한다고 하면 비정상적인 관계도 마다하지 않는다.

아이들이 인정에 목말라 잘못된 관계에 빠지지 않게 하려면, 부모가 자녀를 인정해야 한다.

그럼 인정받는다는 것은 무엇인가? 곧 존재감이다. 한 인간으로 존중받는 느낌인 것이다.

아이들은 작고 힘이 없으며 미숙하다. 그래서 어른들은 아이들을 함부로 대하기 쉽다. 아이들의 감정을 무시하고, 생각을 하찮게 여긴다. 일방적으로 명령하고 억압한다. 모든 것을 가르쳐야 한다고 생각하여 설교하고 훈계한다. 이럴 때 아이들은 존재감을 느끼지 못한다. 가치 있는 존재로 인정받는 느낌을 갖지 못한다.

감정을 알아주고 생각을 물어줄 때, 아이는 존중받는 느낌을 받는다. 아이의 판단을 믿어주고 격려해줄 때, 자신을 한 인간으로 인정해주는 느낌을 갖게 된다. 이런 느낌들이 자녀의 마음을 건강하게 한다. 인정받기 위해 떠돌지 않아도 되기에 아이는 공부에도 몰두할 수 있게 된다.

# 실수는 아이와 친구 되는 기회

학교에서 벌점을 받은 학생들을 대상으로 상담교육을 실시한 적이 있었다. 교육 과정에는 부모 상담이 포함되었다. 교사이거나 교수 등 사회적으로 모범적인 위치에 있는 부모들도 종종 있었다.

차분하고 지적인 모습의 어머니가 방문을 했다. 고등학교 선생님으로 근무하고 있는 어머니였다.

"애 얼굴을 보기가 싫어요. 그냥 서로 말을 안 하고 있죠."

고3 아들이 무용반 여자아이들의 탈의실을 숨어서 보다가 적발되었다. 입시를 앞둔 아들에게 징계가 내려지자 엄마는 충격에 휩싸였다. 아들에 대한 실망감이 커서 말을 하고 싶지가 않다고 했다. 이렇게 중요한 시기에 그런 실수를 저지른 아들을 용납할 수가 없었던 것이다.

모범적인 부모일수록 아이의 실수를 용납하지 못한다. 성공을 이룬 부모일수록 아이에게 쉽게 실망한다. 그리고 크게 좌절한다. 아이는 부모의 실망에 위축된다. 죄책감과 수치심에 사로잡힌다.

엄마에게 아이의 실수는 기회라고 말해주었다. 의아한 표정의 엄마에게 나의 경험담을 들려주었다.


아들이 대학에 입학할 무렵, 나는 한국으로 돌아왔다. 엄마의 통제와 보살핌에서 벗어난 아들은 한동안 좌충우돌했다. 그 동안 엄마가 처리해줬던 모든 일을 혼자 해내야 했다.

한번은 기숙사에서 나와 방을 구해 이사하게 됐다. 이사 날짜를 맞추는데 미리 날짜를 확인하지 않아 중간에 일주일의 공백이 생겼다. 짐을 보관창고에 맡겼다. 아들은 친구 집으로, 기르던 고양이는 또 다른 친구 집으로 가야 했다.

이후 아들은 고양이를 들일 수 없다는 주인을 간신히 설득해서 다시 계약서를 썼다. 일주일을 친구 집에서 전전하다가 이사를 했다. 일의 순서를 챙기지 못해 돈은 물론이고 고생을 심하게 했다. 그럼에도 아이는 실수를 통해 배우고 있었다.

엄마로서 해 줄 수 있는 일은 현실적으로 없었다. 그저 아들의 마음을 알아주고 공감해주는 것뿐이었다.


"우리 아들 힘들겠네."
"그래도 알아서 잘 하네, 기특하네."


이사 날짜를 미리 확인하지 않아 일이 복잡해졌을 때, '그러니까 미리 미리 알아봤어야지.'라는 식의 탓하는 말을 피했다. 아이에게 아무런 도움도 되지 않기 때문이었다. 어차피 미국에 있는 아이 혼자서 해야 할 이사였다. 힘이 들어도 고생스러워도 아이가 감당할 몫이었다.

"미리 확인하고 미리 알아보고 해라."
"너는 왜 모든 일을 마지막으로 미루니?"
"뭐 하나 제대로 하는 일이 없구나."

부모는 안쓰럽고 속상해서 이렇게 말할 수 있다. 그런데 알고 있는가? 바로 그런 말이 아이에게 기회를 빼앗는다. 실수를 통해 스스로 배울 수 있는 소중한 기회를.

부모의 말이 아이의 감정을 상하게 한다. 감정이 상한 아이는 더 이상 생각하려들지 않는다. 단지 기분만 나쁘다. 부모와의 관계만 틀어진다. 실수를 통해 교훈을 얻지 못한다.

아이가 감당할 몫에 대하여 부모는 그저 공감만 해주면 된다. 심정적으로 알아주고 지지해주면 충분하다.

아이는 스스로 배워간다. 아이의 고생을 덜어주려 할수록 오히려 역효과이다. 아이는 쓰라린 경험을 통해 깨닫고 성장하는 것이다.

아이의 실수를 공감하자. 그때 부모는 아이와 친구가 된다. 아이가 힘들 때 자신의 모든 것을 털어놓을 수 있는 관계가 되는 것이다.

억울하게도, 나는 이 사실을 일찍 알지 못했다. 아니 머리로는 알고 있었다. 그러나 실천하지 못했다. 위기 상황이 되면 나의 이성은 작동을 멈췄고, 감정이 폭발하는 대로 버려두었다.

아이가 초등학교 때였다. 학교에서 장학사와 내빈들을 초청하여 학교를 소개하는 행사를 했다. 아들이 첼로를 연주하게 되었다. 자기의 키만큼이나 큰 첼로를 들고 계단을 올라가야 했다. 불안한 나는 첼로를 들어주겠다고 했다. 그러나 아이는 거절했다. 엄마가 대신 들어주는 것이 부끄러웠던 모양이다. 그런데 결국 사고가 났다. 계단에 첼로가 부딪혀 지지대가 넘어지고 줄이 끊어져버린 것이다.

"어떡하면 좋아, 그러니까 엄마가 들어준다고 했잖아."

무심코 뱉어버린 말.

나는 아이의 마음을 살피지 못했다. 상황을 어찌 수습해야 할지에만 몰두해 있었다. 결국 친구의 첼로를 빌려서 올라갔고, 아이는 간신히 연주를 마치고 내려왔다.

그 때 아이의 두려움이 나의 당혹감에 비할 수 있었을까?

하지만 나는 아이의 두려움을 만져주지 못했다. 아이의 실수를 공감하고 안아주지 못했다. 아이는 그 후로 발표회, 연주회, 오디션 등 대중 앞에서 첼로 연주하는 것을 기피했다.

아이들은 계속해서 실수를 저지른다. 당연하다. 그러나 나는 아이의 실수를 공감하고 받아주지 못하고 있었다. 아이가 실수하고 실패할 때마다 못 마땅한 얼굴로 지적하고 질책하고 있는 내 모습을 보게 되었다.

나를 바꾸려 연습하고 노력하면서 알게 되었다. 실수를 공감해줄 때 아이는 그것을 사랑이라고 느낀다는 것을.

실수할 때 가장 절망하는 것은 바로 아이 자신이다. 부모는 상황에 몰두하고 있어서 미처 아이의 절망을 보지 못한다. 그런 상황을 만든 것이 아이라고 생각해 아이를 탓하게 된다. 실패로 이미 좌절해 있는데 부모의 책망이 더해진다. 아이는 더욱 비참해지고 부모와 거리가 멀어진다.

반대로 실수를 용납하고 위로할 때, 아이는 감동한다. 부모의 무조건적인 사랑을 느낀다. '네가 성공하지 못해도, 실패해도 변함없이 사랑한다.'는 것을 보여주는 증거이기 때문이다.

### 실수는 관계회복의 기회

우리 가족에게 기회가 찾아왔다. 대학에 다니던 아들이 대형 사고를 낸 것이다. 친구들과 술을 마시고 운전을 하다가 경찰에 적발되었다. 미국에서는 음주운전이 무척 큰 사건이다. 영주권을 박탈당하고 추방될 수도 있었다.

아들의 소식을 듣고 남편과 나는 충격을 받았다. 걱정과 원망이 혼재된 감정에 어쩔 줄을 몰랐다. 그러나 우리는 아들을 책망하는 말을 하지 않았다. 오히려 아들의 힘든 마음을 공감하며 위로했다. 달려갈 수도 없는 막막함 가운데 기도하며 함께 해결책을 모색했다.

아이의 꿈은 영화감독이다. 그 꿈을 빼앗길 수도 있는 위기의 순간, 아들이 겪은 고통은 이루 말할 수 없었을 것이다. 우리의 속상함에 비할 수 없었으리라. 옳고 그름을 따지지 않았다. 아이는 이미 다 알고 있을 테니까.

아이의 실수를 용납하면서 아들과의 관계는 완전히 회복되었다. 그리고 감사하게도 사건은 잘 해결되었다.

아들은 그 사건을 통해 자신이 영화를 얼마나 사랑하는지 뼈저리게 실감했다고 한다. 자기가 좋아하는 영화를 할 수 있는 환경이 얼마나 감사한지 알게 되었다고 한다. 그래서 아들은 지금 행복하게 열정을 쏟고 있다. 아이의 실수가 우리에겐 관계 회복을 위한 최고의 기회였고, 감격의 선물이었던 셈이다.


실수를 공감하고 용납하는 과정에서 아이는 부모의 무조건적인 사랑을 느낀다. 부모에 대한 신뢰가 회복된다. 또 아이는 실수를 통해 배운다. 성장한다. 자신의 인생에서 무엇이 귀하고 소중한지, 어떻게 살아야 하는지를. 이 모든 것은 부모가 아이의 실수를 용납할 때, 비로소 가능하다.

잭 웰치는 이렇게 말했다.

"어떤 사람이 실수를 했을 때 처벌은 최후의 수단이 돼야 한다. 가장 필요한 것은 격려와 자신감이다. 누군가가 좌절하고 있을 때 그를 더욱 꾸짖는 것은 가장 나쁜 행동이다."

요즘도 아들은 울적하거나 마음이 복잡할 때 나에게 전화를 한다. 한 시간쯤 이야기하고는 엄마와 수다 떠는 자신의 모습이 멋쩍은지 말한다.

"엄마, 나 여자인가 봐, 엄마랑 이렇게 오래 수다를 떠네."

그럼에도 아들은 고백한다. 엄마와 통화하고 나니 기분이 좋아졌다고 한다. 이야기를 하다가 문제의 해결을 찾았다고도 한다.

소통만 이뤄진다면, 아이에게 부모는 자신의 모든 이야기를 할 수 있는 최고의 상대이다. 아이는 부모만큼 자신을 사랑하는 사람은 없다는 사실을 알고 있다. 따라서 사랑하는 부모가 자기 이야기를 비판하지 않고 공감하며 들어준다면, 아이의 입장에서 왜 자신의 이야기를 부모에게 하고 싶지 않겠는가.

실수를 공감할 때, 부모는 아이와 친구가 된다.

# 사랑한다면
# 최고의 가치를 부여하라

우리는 모두 가치 있는 존재로 세상에 태어난다. 그러나 안타깝게도 태어났을 당시 그걸 알지 못한다. 엄청난 자신의 가치를 혼자서는 볼 수도 느낄 수도 없다.

엄마의 몸에서 나온 아기는 미성숙하다. 전적으로 돌봐주는 엄마에게 의지해야만 한다. 아기의 운명이 엄마에 의해 결정된다. 아기가 스스로 귀하고 독특하다고 느끼려면, 엄마의 눈에서 존귀함과 독특함을 볼 수 있어야 한다.

특히 생후 3년 동안 엄마의 반응에 따라 아기는 자신에 대한 신념을 갖게 된다. 이를 일컬어 자아상이라고 한다. 엄마가 아기를 소중하게 반응해주면, 아기는 자신에 대한 존귀한 자아상을 만들어낸다. 높은 자존감의 토대가 형성되는 것이다. 반대로 무시하고 귀찮게 여기면, 낮은 자아상과 자존감을 형성하게 된다.

고귀함은 이렇듯 상대의 눈을 통해서 알게 된다. 즉 아이는 엄마의 눈을 통해, 그 반응을 통해 자신의 가치를 알아간다는 뜻이다.

한 의사가 아프리카 오지에서 의료봉사를 하며 겪었던 이야기라고 한다. 그 마을에는 독특한 결혼풍습이 있었다.

청혼을 할 때 남자는 암소를 끌고 처녀의 집에 가서 소리친다.

"이 암소를 받고 딸을 주세요."

특등 신부 감에게는 암소 세 마리, 괜찮은 신부 감은 두 마리, 그리고 보통의 신부 감이라면 한 마리로도 승낙을 얻을 수 있다.

한 청년이 청혼하러 가는 날이었다. 청년이 몰고나온 청혼 선물은 살찐 '암소 아홉 마리'였다.

사람들은 상대가 누구인지 궁금해 하며 술렁이기 시작했다. 청년은 마을 촌장집도, 지역 유지인 바나나 농장주인 집도, 마을 여선생의 집도 그냥 지나쳤다. 한참을 걷더니 어느 허름한 집 앞에 멈춰 섰다. 그 집 노인의 딸에게 청혼을 했다.

딸은 큰 키에 비해 마르고 심약해 보이는 초라한 여자였다. 누가 봐도 암소 한 마리로 청혼할 상대였다. 동네사람들은 암소 아홉 마리를 끌고 간 청년의 어리석음에 대해 수근 거렸다.

의사는 오랜 세월이 지나 휴가차 다시 그 마을을 찾아갔다. 큰 사업가가 되어 있는 옛날의 그 청년을 만났고, 저녁식사에 초대받았다.

아름답고 우아한 흑인 여인이 차를 들고 들어왔다. 영어를 유창

하게 구사하는 여인이었다.

의사는 이 청년이 또 다른 아내를 맞이했나보다 생각하며 암소 아홉 마리로 청혼했던 처녀에 대해 넌지시 물었다.

"선생님, 저 사람이 그때 제가 청혼했던 처녀입니다."

청년은 그 때 일을 이야기했다.

"사실 그때 암소 한 마리로도 충분히 혼인승낙을 받을 수 있었습니다. 그러나 제가 사랑하는 여인이 자신의 가치를 암소 한 마리로 생각하게 될 것이 싫었습니다. 청혼 때 몇 마리의 암소를 받았느냐가 평생 동안 자기 가치를 가늠하는 척도가 되기 때문입니다. 저는 세 마리를 훨씬 뛰어넘는 아홉 마리를 생각했습니다. 결혼 후 아내에게 공부를 하라거나 외모를 꾸미라고 요구한 적이 없습니다. 저는 있는 그대로의 아내를 사랑했고, 또 사랑한다고 이야기해 주었을 뿐입니다. 아내는 암소 아홉 마리에 걸맞는 사람으로 변하기 시작했습니다. 저는 예전이나 지금이나 아내를 똑같이 사랑합니다. 그러나 아내는 결혼할 당시보다 지금 자신의 모습을 더 사랑하는 것 같습니다."

청년은 이렇게 덧붙였다.

"누군가 소중한 사람이 있다면, 그 사람에게 최고의 가치를 부여해야 합니다. 그리고 누군가로부터 인정을 받으려면, 자신에게 최고의 가치를 부여해야 합니다."

## 아이는 부모가 부여한 가치대로 살아간다

내 자녀가 소중하다면, 그 아이에게 최고의 가치를 부여하라.

이것이 '암소 아홉 마리'의 교훈이다. 사람들의 눈에는 모두 말라깽이에 심약한 볼품없는 여인이었다. 그러나 사랑하는 남자의 눈에는 최고의 가치를 지닌 여인이었다. 남자는 암소 세 마리로도 부족해 아홉 마리의 가치를 여인에게 부여했고, 여인은 그 가치에 합당한 사람으로 변해갔다. 남편을 통해 자기 안에 있던 존귀함을 보게 되었던 것이다.


부모는 아이의 거울이다.

거울 없이 아이는 자신의 모습을 볼 수 없다. 부모의 눈빛과 얼굴, 그리고 말을 통해 아이는 자신을 본다. 부모라는 거울에 비춰진 자신이 암소 한 마리의 가치인지, 아홉 마리의 가치인지를 가늠한다. 그리고 그 가치에 걸맞는 아이가 되어간다. 부모가 한 마리의 가치를 부여한다면, 부모가 비춰주는 만큼만 믿는다.

어떻게 아이에게 최고의 가치를 부여해 줄 수 있을까?

아기들은 필요를 외부로부터 공급받는다. 모든 필요를 부모에게 의존하는 시기에는 신체적 욕구를 신속히 해결해주는 것이 자기 가치감의 원천이 된다. 부드러운 손길, 다정한 목소리, 사랑스런 눈빛으로 반응해주는 것들이 아이에게 최고의 가치를 부여하는 것이다.

성장하면서는 부모의 말들이 자녀에게 가치감을 심어준다. 다시 아프리카 청년의 말을 떠올려보자.

"결혼 후 아내에게 공부를 하라거나 외모를 꾸미라고 요구한 적이 없습니다. 저는 있는 그대로의 아내를 사랑했고, 또 사랑한다고 이야기해 주었을 뿐입니다."

그렇다. 있는 그대로의 아이를 사랑하는 것. 또 사랑한다고 말해주는 것. 이것이 부모가 아이에게 부여하는 최고의 가치다.


3년 전 'K팝스타'라는 오디션 프로그램을 통해 등장한 악동뮤지션이라는 이름의 남매가수가 있다.

이들의 외모는 독특하다. 오빠인 찬혁은 작은 키에 작은 눈, 남자답지 않게 왜소하다. 동생 수현은 각진 얼굴에 작은 눈, 이 남매에게선 아이돌 스타들이 지닌 세련된 모습을 찾아보기 어려웠다. 그러나 찬혁군이 만든 곡들은 기발하고 획기적이었다. 수현양의 노래는 영혼을 맑게 하는 매력이 있었다.

독창적이고 자유로우면서 순수함을 지닌 아이들. 이들의 부모에 대한 궁금증이 생겼다. 악동뮤지션의 부모는 몽골의 선교사였다. 후원금이 줄어 현지 학교에 보낼 수 없게 되자 홈스쿨링으로 아이들을 공부시켰다. 열악한 환경 속에서 아이들을 키웠던 것이다.

악동뮤지션의 엄마인 주세희씨는 언론에서 이렇게 말했다.

"우리 아이들이 화면에 나온 걸 보면 어떠시던가요? 예쁘지 않나요? 잘 생기지 않았나요? 왜 대답을 망설이시는지 저도 압니다. 그렇지만 제 눈에는 우리 아이들이 세상 그 누구보다 예쁘고 잘생겼답니다. 아이가 본래부터 지닌 가치를 존중하고 지지해주기, 이게 우리 부부가 생각하는 양육의 1계명입니다."

공부에 관심 없던 아들 찬혁이가 고1 무렵 곡을 써왔다. 부모는 폭풍 칭찬을 하며 관심을 보였고, 이에 재미를 붙인 아이가 10분만에 두 번째 곡을 만들어왔다.

아이가 지닌 가치를 존중해주고 지지해주려는 양육 태도가, 결국 두 아이의 잠재력을 꽃피운 셈이다.

부모들은 아이에게 최고의 가치를 부여해주고 싶다. 그래서 잘못된 생각을 바로잡으려고 한다. 나쁜 행실을 고치려고 혼을 낸다. 더 멋진 사람으로 만들려고 공부를 시키고 외모를 꾸미라고 요구한다.

그러나 아이들은 이미 최고의 가치를 가지고 태어난다. 그 사실을 인정하기만 하면 된다. 있는 그대로의 내 아이를 사랑한다면, 아이는 스스로 가치를 발휘하게 될 것이다.

아이의 고치고 싶은 행동이 눈에 보인다면 먼저 칭찬하라.

미운 짓 하는 아이 때문에 속상하다면

먼저 사랑한다고 말하라.

사랑한다고 말을 하면 정말 아이가 사랑스럽게 보이기 시작한다.

그리고 결국 아이는 사랑스럽게 행동하게 될 것이다.

# 2장

## 엄마는 결심하지만
## 아이는 비웃는다

# 결심해도 안 되는 이유
# 엄마의 무의식에 있다

"아이에게 말하는 나를 보면 엄마 모습이 떠올라요. 신경질적으로 잔소리하는 엄마가 참 싫었는데, 내가 그러고 있더라고요."

"언니가 두 명 있어요. 언니들도 아이를 키우는 모습이 나랑 비슷해요. 엄마가 하던 방법대로 우리 모두 아이들을 대하고 있네요."

부모교육으로 모인 첫 날, 우리는 부모의 모습을 통해 나를 본다. 긍정적인 모습도 있고, 부정적인 모습도 있다. 부모를 닮고 싶지 않았지만 아이를 대하는 자신의 모습 속에서 부모를 발견하며 깜짝 놀란다는 고백이 많다.

우리는 왜 의지와 상관없이 부모의 모습을 답습하고 있는 것일까?

"아이들이 하는 일 없이 왔다 갔다 하는 모습을 보면 화가 나요. 공부를 하든지, 집안일을 하든지, 뭐든 하라고 소리를 지르죠."

연숙씨는 시골에서 어린 시절을 보냈다. 군인 출신이었던 아버지는 자녀들에게 엄격했다. 아침 일찍 아이들을 깨워 집안일을 돕게 했다. 밭일을 돕거나 아침 준비를 돕는 등의 일을 한 후에 학교에 보냈다. 학교에서 돌아와도 마찬가지였다. 친구들이 동네에서 모여서 뛰어놀고 있어도 연숙씨는 밭일을 해야 했다. 돌도 고르고, 풀도 뽑고, 소에게 먹일 여물을 준비하기도 했다.

"아버지가 무서워서 불평 한 번 못했어요. 죽을 맛이었죠. 집에서 가출하고 싶었다니까요."

연숙씨는 고개를 흔들며 말했다. 친구들과 놀지도 못하고 일을 해야 했던 속상한 경험이었다. 그러나 연숙씨 역시 아버지와 같은 신념으로 아이들을 대하고 있었다. 아무 것도 하지 않는 아이들을 보면 불편했고 못마땅했다.

지애씨는 공부하는 그룹에서 가장 스마트한 엄마였다. 박사 과정 중이었다. 명확한 목소리로 자기 의견을 드러냈다. 질문도 많고 공부한 내용을 자기 것으로 소화해 적용도 잘했다. 하지만 지애씨에게는 단점이 하나 있었다. 매번 수업 시간에 늦는 것이었다.

부모로부터 물려받은 신념에 대한 이야기를 나누며 지애씨를 이해하게 되었다. 지애씨의 어머니는 학교 선생님이었다. 네 명의 딸을 기르며 은퇴할 때까지 교직에 있었다. 지애씨의 어머니가 딸들에게 습관처럼 하던 말이 있었다. "시간을 쪼개 써라." 항상 바쁘게 사는 엄마의 모습, 그리고 그 엄마가 수없이 했던 말은 그녀의 뇌리에 박혔다.

"집을 떠나기 마지막 전까지 저는 뭔가를 해요. 느긋하게 준비하고 미리 나와야 하는데 그러면 시간을 낭비하는 것만 같아요. 번번이 약속에 늦게 되는 거 알면서도 잘 안 되네요."

그녀가 수업이나 약속 시간에 늦는 이유는 시간을 쪼개 써야한다는 엄마의 신념을 물려받은 때문이다. 약속에 늦어서 번번이 미안한 마음이 들지만 고쳐지지 않는다. 이 신념은 못처럼 단단히 박혀 지애씨의 생활 패턴에까지 영향을 미치고 있는 셈이다.

### 부모가 강조했던 말들이 신념으로 자리잡는다

사람들은 모두 다른 신념과 가치를 가지고 살아간다.

신념은, 옳다고 믿는 것이다. 절대적으로 옳은 것을 진리라고 말한다. 신념은 진리와 달리 그저 자신이 옳다고 믿는 것이다. 그래서 이 신념은 사람마다 다르고 왜곡된 것일 수도 있다.

신념은 어린 시절부터 오랜 시간을 통해 만들어진다. 가족 구성원 특히 부모의 생각과 가치관, 말에 의해 영향을 받는다. 학교생활을 통해, 사회생활을 통해 영향을 받는다. 살아가면서 만나게 되는 경험들이 모여 신념을 형성한다.

역시 가장 큰 영향력은 부모다. 성장하는 동안 부모가 주로 강조했던 말에 공감이 일어나면 신념으로 자리 잡는다. 신념은 강력하다. 연숙씨의 경우처럼 자녀에게 흘러간다. 지애씨의 경우처럼 자신의 생활 패턴을 좌우한다.

긍정의 힘을 발휘하는 합리적인 신념이 있다. 성실하게 노력하는 부모의 신념을 물려받아 삶에 최선을 다하는 경우다. 남을 배려하며 친절한 부모의 신념을 자신의 것으로 받아들여 조화롭게 관계를 이끌어간다.

부정적인 모습의 비합리적인 신념도 있다. 아이는 무조건 어른의 말에 순종해야 한다는 신념으로 자녀를 억압하는 부모의 경우다. 여자는 전문직을 가지면 팔자가 세다는 부모의 말이 신념이 되어 자녀에게 차별을 두는 사람도 있다.

합리적 정서 행동 상담의 대가인 앨버트 엘리스는 이렇게 말했다.

"사람들이 정서적 문제를 겪는 이유는 일상생활에서 겪는 구체적인 사건들 때문이 아니라 그 사건을 합리적이지 못한 방식으로 지각하고 받아들이기 때문이다. 즉 어떤 사건을 자신이 가지고 있는 비합리적인 사고방법으로 해석하기 때문에 정서적 문제를 경험하게 된다."

내면의 비합리적 신념이 작동할 때, 사실이 왜곡되고 정서적인 문제를 일으킨다는 의미이다.


나의 아버지는 말수가 적은 분이셨다.

함부로 할 수 없는 위엄이 있었다. 목소리 높여 자녀들을 혼내거나 잔소리를 하지도 않았다. 그럼에도 우리 형제는 모두 아버지를 어려워했다. 깍듯한 예의를 갖췄다. 아버지의 지시에 말대꾸를 하거나 반항하는 자식은 없었다.

그로 인해 나에게도 신념이 생겼다. '자식이 부모에게 대드는 일은 있을 수 없다'는 신념.

아들이 사춘기를 지나며 반항을 시작했을 때, 나는 부모에게 화를 내는 아이를 대하기가 힘들었다. 용납할 수 없는 문제처럼 여겨졌다. 본질적인 문제보다 아이의 태도 때문에 갈등이 더 심해졌다.

아이는 부모에게 대항하면 안 될까? 된다. 부모의 말에 무조건 순종해야 할까? 그렇지 않다. 아이도 자기 생각이 있다. 부모와 다른 주장이 있을 수 있다. 의견이 부모와 다를 때 충돌 할 수 있다.

부모와 자녀는 동등하게 생각을 말할 수 있다. 그런데 나는 아이의 생각을 들어보기도 전에 화를 냈다. 부모에게 대들면 안 된다는 신념이 나를 움직였던 것이다.

우리 안에는 이렇게 여러 가지 형태의 신념이 자리 잡고 있다. 진리가 아님에도 마치 그 신념이 절대적으로 옳은 듯 여긴다. 단지 나의 부모가 강조해왔던 것이어서 내게 익숙할 뿐이다. 그럼에도 불구하고 마치 절대로 어겨서는 안 되는 법규인 것처럼 아이들에게 적용한다.

## 부모의 비합리적 신념을 찾아라

아들의 친구 중 한 아이는 절대로 외박이 허락되지 않았다. 남자아이임에도 그랬다. 친구들과 모여서 놀다가 늦어지면 불만을 품고 집으로 돌아가곤 했다. 왜 밖에서 자는 것이 허락되지 않을까? 위험과 사고를 방지하기 위해서일 수도 있다. 그러나 부모의 신념에서 비롯된 바, 그 신념으로 아이에게까지 적용하고 있는 건 아닌지 살펴볼 필요가 있다.

딸아이의 옷차림 때문에 아침마다 싸운다는 엄마도 있었다. 짧은 치마는 절대로 안 된다는 엄마는 그 신념을 무너뜨리면 딸이 몹쓸 일이라도 당할 듯 고집스러웠다.

비합리적인 신념은 아이들에게 악영향을 끼친다. 가령 이러한 것들이다.

'여자는 시집만 잘 가면 되지, 공부 잘하면 뭐하나.'
'2등은 필요 없어, 1등이 아니면 쓸모없는 거야.'
'너무 나서지마, 가만히 있으면 중간은 가는 거야.'

비합리적인 신념을 가진 부모는 아이를 힘들게 한다. 그들은 자신들의 신념이 절대적으로 옳다고 믿기 때문에 다른 의견을 가진 아이를 이해하지 못하고 비난한다. 충돌을 일으킨다. 결국 아이와의 관계가 나빠진다.

"우리 아이가 왜 이러는지 모르겠어요."

상담실에 찾아오는 부모들 중 대부분은 아이와의 관계가 왜 나빠졌는지 모른다고 말한다. 아이가 왜 부모에게 입을 닫고 짜증을 내는지 이해하지 못한다.

아이에게서 원인을 찾으면 답은 없다. 답은 부모 자신에게 있기 때문이다. 성장 과정을 통해 나에게 굳어진 신념은 무엇인지, 그 신념이 지금 내 삶과 아이에게 어떻게 작동되는지, 그 점을 먼저 생각해 보아야 한다. 그러면 아이와의 관계를 푸는 실마리를 찾을 수 있다.

내가 물려받은 신념을 절대적으로 옳은 것이라고 착각하고 있지는 않은가 살펴보자. 그래서 내 아이에게도 그것을 강요하고 있지는 않은지 생각해보자.

심리학자 머레이 보웬은 이렇게 말했다.

"문제에 직면한 사람들은 어린 시절 가족을 객관적으로 살펴보는 것이 필요하다."

자신을 객관적으로 바라보는 것에서 변화는 시작되기 때문이다. 평론가이자 극작가인 제임스 볼드윈도 비슷하게 말했다.

"직면한다고 모든 것이 바뀌는 것은 아니다. 그러나 직면할 때까지는 아무 것도 바뀌지 않는다."

'커피브레이크 페어런팅'에 모인 첫 날.

우리는 내 안의 무의식 속에 자리 잡은 신념 찾아보기로 수업을 시작한다. 부모와 가족을 이해하지 않고서는 현재의 나를 설명할 수 없기 때문이다. 내 안의 비합리적인 신념을 알고 합리적인 신념으로 바꾸면, 더 이상 무의식적인 감정에 휩싸이지 않는다. 객관적이고 이성적인 부모가 될 준비가 된다. 부모교육은 이렇게 부모 자신을 이해하는 것에서 출발한다.

# 엄마의 상처가 아이에게 흘러간다

영국의 찰스 황태자는 13세나 어린 다이애나비와 결혼해 세기의 관심을 끌었다. 그러나 그에게는 이미 결혼 이전부터 사귀어온 카밀라 파커 보울스라는 여인이 있었다. 결혼 이후에도 그들의 관계는 계속되었고, 다이애나비와의 관계는 순탄치 못했다.

남편의 외도에 방황했던 다이애나비 역시 불륜을 저질렀다. 결국 찰스 황태자와 이혼하고 1년 후 파리에서 교통사고로 사망했다. 그후 찰스 황태자는 카밀라와 재혼했다.

이들 부부는 처음부터 어울릴 수 없는 사이였을까? 숙명적 간격이 존재했을까?

애석하게도 그랬다. 그들에게는 함께 나눌 수 있는 정서적 공통분모가 없었다.

찰스 황태자는 책을 많이 읽고 문화와 사회전반의 다양한 학문에 관심이 높은 사람이었다. 반면 다이애나 스펜서는 왕족으로서의 교양과 지성이 상대적으로 떨어지는 편이었다. 고등학교 졸업 시험을 통과하지 못해 고등학교 중퇴 후 런던에서 아르바이트를 했다.

찰스 황태자는 클래식 전반에 조예가 깊었다. 반면 다이애나비의 음악적 취향은 하드록이었다. 특히 강력하고 극단적인 가사와 리듬의 데쓰메탈을 좋아했다. 이러한 문화와 정서의 차이가 만들어낸 간격은 자연스럽게 관계의 이질감으로 발전했을 것이다.

"우리 중 85%가 자신과 반대 성을 가진 부모의 성격 유형과 매우 유사한 사람과 결혼한다. 우리는 어린 시절에 익숙했던 것을 계속하는 것이다."

미국의 심리학자인 폴 메이어는 말했다.

남녀가 끌리는 이유는 상대에게 가족의 익숙한 모습을 발견하기 때문이다. 익숙한 모습을 발견하면 편안해지고 쉽게 마음을 주게 된다. 익숙한 모습이란 외형적으로 드러나는 것을 말하지 않는다. 학벌, 성격, 능력, 가정환경 등을 통해 상대에게 끌리는 것 같지만 사실은 내면의 익숙함이 자신을 끌어당기고 있는 것이다.

우리는 무의식적으로 어린 시절 경험한 내 가족의 모습을 재현해 줄 사람에게 강하게 끌린다. 내 가족에게서 느꼈던 익숙한 정서를 가진 사람을 배우자로 선택하게 되는 것이다.

찰스 황태자는 13세나 어리고 예쁜 다이애나비를 두고 볼품없는 중년의 카밀라와 지속적인 관계를 유지해왔다. 이러한 행동은 무의식적인 익숙함에 이끌렸던 셈이다.

주연씨는 위로 언니가 세 명 있다. 학창 시절 다들 공부도 잘하고 얼굴도 예뻐서 동네에서 딸 부잣집으로 주목을 받았다. 하지만 언니들은 모두 가난한 결손 가정에서 자란 남자들과 결혼을 했다.

좋은 조건의 남자들과 결혼할 기회가 없었던 건 아니다. 연애할 때는 능력 있고, 가정환경도 좋은 남자들과 연애를 했다. 그러나 정작 배우자를 선택할 때는 뭔가 결함이 있는 남자를 택했다.

주연씨도 언니들과 같은 선택을 했다. 대기업에 근무하는 남자를 만났었다. 집안 환경도 좋고, 외모도 준수했다. 하지만 만나면 뭔가 불편했다. 집안 이야기를 꺼내면 마음이 위축되었다. 상대방 가정과 비교되는 가난한 환경, 배우지 못한 부모님이 마음에 걸렸다. 몸에 맞지 않는 옷을 입고 있는 듯 마음이 편하지 않았다.

그 남자와 헤어지고 다른 남자를 만났다. 외모, 능력, 가정환경이 모두 함량 미달이었다. 그러나 낯설지 않고 익숙했다. 위축되지도 않았고 편안했다.

주연씨는 그와 결혼했다. 익숙함과 편안함에 이끌려 호감을 갖게 된 셈이었다. 그러나 결혼 후 그토록 벗어나고 싶었던 가난과 무기력감에 시달려야 했다. 어린 시절부터 느껴왔던 답답한 감정과 상황의 반복 속에서 지쳐갔다.

왜 주연씨의 네 자매는 똑같은 패턴으로 배우자를 선택했을까?

심리적인 원인에서 출발해야 한다. 우리는 배우자를 선택할 때 어린 시절 경험한 가정의 모습을 재현해 줄 사람을 찾는다. 그것이 긍정적이든 부정적이든 상관없다. 비록 폭력, 무관심, 갈등, 상처가 존재했더라도 말이다.

## 익숙한 정서를 재현하려는 심리가 있다

고향에 돌아갔을 때 안정감을 느끼듯이 익숙한 것은 편안함을 준다. 심리학에서는 이것을 귀향증후군(The going home syndrome)이라고 부른다.

자랄 때 부모로부터 비난받고 무시당한 사람은 자신을 무시하는 사람을 배우자로 선택할 가능성이 높다. 가정폭력에 시달린 사람은 폭력을 휘두르는 사람을 배우자로 맞이하는 경우가 많다.

왜 그럴까? 그렇게 벗어나고 싶었던 환경으로 왜 돌아가게 되는 것일까? 나는 그렇게 살지 않겠다고 다짐하고 최선의 선택을 했는데 왜 결국 같은 삶을 살고 있는 것일까?

어린 시절의 익숙한 환경을 만들어내고자 하는 무의식이 발동하기 때문이다. 주연씨의 네 자매도 자신들의 결함을 공감할 수 있는 사람을 찾았다. 그런 이유로 비슷한 결함을 가진 배우자를 만나게 된 것이다.

결혼 생활이 불행한 부모 밑에서 자란 자녀는 불행한 결혼 생활을 할 가능성이 높다. 유감스럽게도 그렇다.

무엇을 보았는지, 무엇을 들었는지가 중요하다. 어린 시절 성장하면서 본 이미지들과 들은 메시지들은 무의식이라는 방에 차곡차곡 쌓인다. 의지로는 자신이 보고 들은 것들이 고통스러워 벗어나려고 애쓴다. 정작 무의식에서는 그 익숙함을 재현하려고 한다.

미국의 심리학자 로버트 서비는 이렇게 말했다.

"우리들 대부분은 '난 절대로 내 부모들처럼 하지는 않을거야'라고 반항적으로 맹세하면서 집을 떠난다. 그러나 불행하게도 내가 누구인지는 내가 무엇을 습득했는지에 달려있다. 시간이 흐르고 성인이 되고 나서야 우리는 자신이 진정으로 집을 떠난 적은 한 번도 없다는 것을 깨닫는다."

몸은 떠났어도 가족의 정서에서 벗어나기 쉽지 않다는 뜻이다.

우리 가족이 재현하고 있는 건강하지 못한 귀향증후군은 무엇인지 생각해보길 바란다. 지금 그것을 발견하고 끊어내지 못한다면, 자녀에게 대물림된다. 부부가 보여준 이미지와 들려준 메시지들은 고스란히 자녀의 무의식 속에 쌓여 있다가 배우자를 선택할 때 사용될 것이다.

배우자 뿐 아니다. 친구를 선택할 때도 이 원리는 작동한다.

비난과 갈등, 무관심과 폭력을 보고 들었다면, 아이는 비슷한 정서를 가진 친구를 만났을 때 편안함을 느낀다. 고상한 말을 쓰는 친구, 예의가 바른 친구, 모범적이고 규칙을 잘 지키는 친구는 불편하다. 자신과 비슷한 언어와 행동을 하는 아이를 만나면 끌리게 되고 쉽게 친구가 된다. 익숙하기 때문이다.


마음이 외로운 아이는 모범생 친구가 불편하다

"아이가 어려서부터 가깝게 지내던 친구가 있어요. 부모들도 서로 잘 아는 사이고 아이도 아주 반듯했어요. 그런데 중학교 들어가면서 웬일인지 그 아이와 놀지를 않고 이상한 애들하고만 어울려 다니네요. 속상해죽겠어요."

부모교육에 참여한 은하씨가 한숨을 쉬며 말했다.

모범생이고 성격도 좋은 아들의 친구를 볼 때마다 은하씨는 안타까운 마음이 들었다. 아들이 그 친구와 어울리면 저절로 반듯해 질 것만 같았다. 그러나 어느 순간부터 아들은 그 친구를 멀리했다. 공부에 관심 없고 불량스러워 보이는 아이들과 어울려 다니기 시작했다.

한번은 길에서 아들의 친구를 만났다. 함께 있는 무리의 아이들이 모두 예의바르고 순진했다고 한다. 부러운 마음이 들었다. 그래서 아이에게 어릴 적 친구 칭찬을 하며 옛날처럼 가깝게 지내라고 했다. 아이가 벌컥 화를 냈다. 왜 그러는지 모르겠다며 은하씨는 눈물을 글썽였다.

아이는 왜 모범생 친구를 멀리하고 불량스러워 보이는 친구와 어울리는 것일까? 왜 엄마의 바람과 달리 위험한 친구 관계를 맺어가는 것일까?

익숙한 정서를 찾아가는 것으로 설명할 수밖에 없다. 아이를 향한 남편의 높은 기대로 은하씨 부부는 자주 다퉜다. 자신의 노력으로 은행에 입사해 고위직까지 올라간 남편은 노력하지 않는 아들을 늘 못마땅하게 여겼다. 아이는 중학교에 들어가면서 성적이 뚝뚝 떨어졌고, 남편은 그런 아들에게 자주 화를 냈다.

아이는 허전하고 외로운 마음을 알아주는 친구를 찾았다. 모범생이 아닌 비슷한 상황을 경험한 친구들이었다. 그들과 함께 있을 때, 아이는 편안함을 느꼈다.

아이가 건강한 정서를 가진 친구를 만나기 원한다면, 먼저 우리 가족의 정서가 건강해야 한다. 객관적으로 자신과 가족을 바라보는 것이 첫걸음이다. 가족 안에서 대물림으로 재현되고 있는 익숙한 정서는 무엇인지 발견하고, 그 속에서 힘들었던 자신의 감정을 헤아려야 한다. 그 감정을 인정해야 비로소 변화를 꾀할 수 있다.

"만일 우리가 자신의 가족 역사에 대해 알지 못한다면, 우리는 과거의 패턴을 더 쉽게 반복하거나 아무런 생각 없이 그것에 반항하기만 할 것이다. 자신이 누구인지, 자신이 다른 가족 구성원과 어떻게 비슷하며 어떻게 다른지, 어떻게 해야 자신의 삶을 가장 잘 걸어 나갈 수 있는지 분명히 알지 못하면서 말이다."

미국 심리학자 해리엇 러너의 말이다.

가족의 역사를 통해 자신을 알고, 대물림되는 부정정서의 고리를 끊어야 한다. 자녀를 위한 어떤 교육보다 우선되어야 할 과제이다. 그래야 비로소 밝고 건강한 가족의 정서를 아이에게 물려줄 수 있다.

# 결심하지 말고 행동하라

"도대체 잘하는 게 있어야 예뻐하죠. 공부도 안 하고, 말도 안 들고."

"사랑받을 짓을 해야 사랑하죠."

부모교육을 하다보면 이렇게 말하는 엄마들을 쉽게 만난다. 이런 엄마들을 볼 때마다 되묻고 싶어진다.

아이가 먼저 사랑받을 행동을 해야 사랑을 줄 수 있다는 말인가?

옛날에 고약한 시어머니 때문에 도저히 견딜 수 없는 며느리가 있었다. 시어머니는 사사건건 트집 잡고 야단을 쳤다. 며느리는 시어머니 음성이나 얼굴만 떠올려도 속이 답답하고 숨이 막힐 지경이었다.

참다못한 며느리는 용하다는 무당을 찾아갔다. 며느리의 하소연을 다 들은 무당은 좋은 방법이 있다면서 비법을 알려주었다. 시어머니가 가장 좋아하는 음식을 백일 동안 하루도 빠짐없이 해서 드리면 백일 후엔 시어머니가 죽을 것이라고 했다.

며느리는 그 날부터 시어머니가 가장 좋아하는 음식인 인절미를 정성껏 만들어 매일 시어머니께 드렸다. 처음에 시어머니는 "왜 안 하던 짓을 하고 난리야?"라며 핀잔을 주었다. 며느리는 아무 말 없이 매일 인절미를 건넸다.

얼마 후부터 시어머니의 며느리에 대한 태도가 조금씩 달라졌다. 두 달이 넘어서자 동네사람들에게 해대던 며느리에 대한 험담을 거뒀다. 오히려 침이 마르게 칭찬을 하기 시작했다.

백일이 다 되어 가자 며느리는 시어머니가 좋아졌다. 이렇게 좋은 시어머니가 정말로 죽을까봐 덜컥 겁이 나기 시작했다.

며느리는 다시 무당에게 달려갔다. 시어머니가 죽지 않을 방법만 알려주라며 닭똥 같은 눈물을 흘렸다. 무당은 빙그레 웃으며 물었다.

"미운 시어머니는 벌써 죽었지?"

이 이야기의 제목은 '미운 시어머니 확실히 죽이는 방법'이다.

얼굴만 떠올려도 숨이 막힐 것처럼 미운 시어머니를 죽이는 비법은 의외로 시어머니가 좋아하는 음식 해드리기였다. 미운 사람에게 먼저 사랑을 주었더니 사랑이 돌아왔다.

'미운 놈 떡 하나 더 준다.'는 속담은 그런 의미에서 참으로 지혜로운 교훈이다. '미운 놈'에게 떡을 하나 더 주면, 그가 '사랑스러운 놈'으로 변한다는 것을 알고 우리 조상들은 이런 속담을 만들었던 모양이다.

미워하는 마음은 여전한데 떡을 주는 행동만으로 어떻게 상대가 사랑스러워지는 것일까?

### 자녀사랑 행동주의 요법

행동주의 심리학에 의하면, 행동을 바꾸면 생각과 감정이 바뀐다. 따라서 생각과 감정을 치료하기 위해 먼저 행동을 바꾸는 것이 행동주의 요법이다.

우울증 환자의 경우, 우울한 기분을 바꾸기 위해 행동을 먼저 유도한다. 일단 밖으로 나가는 것을 목표로 삼는다. 친구에게 전화를 걸고, 영화를 보거나, 쇼핑을 하는 일정을 함께 짜주기도 한다. 움직이고 싶지 않지만 막상 몸을 움직여 행동했을 때 기분이 좋아지는 것을 경험하라는 의도이다.

웃음치료에서는 그냥 이유 없이 웃는 연습을 시킨다. 즐거운 일이 있어서 웃는 것이 아니다. 먼저 웃다보면 세로토닌이 분비된다. 세로토닌은 행복감을 느낄 때 분비되는 호르몬이다. 이유 없이 웃었지만 웃으면서 즐거워지는 것이다.

입에 펜을 물고 웃는 표정을 만들어낸다. 만들어낸 표정인데 뇌는 웃고 있는 것으로 인식해 세로토닌을 생성한다. 기분이 좋아진다.

이렇게 볼 때 '미운 놈 떡 하나 더 주기'는 일종의 행동주의 요법이다. 마음을 담아서 준 떡이 아니어도 떡을 받은 상대는 기분이 달라진다. 고마운 마음이 생겨서 공손하게 행동하게 된다.

세상에 둘도 없는 자식인데도 미울 때가 많다. 사사건건 고집을 부린다. 동생과 싸우고 욕심을 부린다. 엄마의 말을 들은 척도 하지 않는다. 잔소리를 하고 소리를 질러도 통제가 되지 않는 상황까지 간다. 부모와 자녀의 관계가 악순환의 사이클에 들어서게 된다.

남편과 사별하고 혼자서 아들을 키우는 엄마가 상담을 받으러 왔다. 아들 문제였다. 사춘기에 접어든 아들을 상담실에 데리고 오기까지가 전쟁이었다. 몇 번 왔건만 결국 상담을 포기해야겠다고 했다. 그 엄마는 울면서 말했다.

"아이가 미워죽겠어요. 이혼한 사람이 부러워요. 이혼했다면 차라리 아이를 남편에게 보낼 수 있을 텐데, 나는 보내지도 못하고....... 아이 때문에 내 인생이 불행해요. 잘못되든 말든 나도 몰라요. 다 포기하고 싶어요."

아이와 한바탕 전쟁이라도 치루고 왔나보다. 엄마는 분이 가라앉지 않는지 울분을 토해놓았다.

엄마의 힘겨움에는 생활의 고달픔이 묻어 있었다. 혼자 생계를 책임져야 하는 엄마는 마음의 여유가 없었다. 엄마의 따뜻한 돌봄을 받지 못한 아들은 성격적인 문제를 드러내기 시작했다.

어쩌면 아이가 기질적으로 양육하기 어려운 아이였는지도 모른다. 무엇이 먼저였든, 엄마와 아이의 관계는 악순환의 사이클을 타고 점점 갈등의 골이 깊어지고 있었다.

누가 먼저 이 악순환의 사이클을 끊어야 할까?

부모이다. 부모가 먼저 사랑을 주어야 한다.

사춘기 아이를 다루기가 얼마나 힘들었는지 마음을 읽어준 후, 엄마에게 물었다. 정말 아이가 인생을 망치고 있다고 생각하느냐고. 그러자 엄마는 조금 전과 달리 말했다.

"사실은 아이 때문에 버티는 거지요. 힘들어도 순간순간 아이 바라보며 힘을 얻는 답니다."

사랑하기 힘든 순간에 먼저 사랑한다고 말해야 하는 이유를 설명했다. 사랑을 받아야 변화되는 아이의 심리에 대해서 말해주었다. 엄마는 눈물을 글썽이며 노력해보겠노라며 결심하고 돌아갔다.


아이가 자꾸 미워진다면, 행동주의 요법을 사용해보라. 먼저 사랑한다고 말하고 칭찬하는 것이다. 웃으면 즐거운 기분이 되듯이 먼저 사랑한다고 말하면, 부모의 감정이 바뀐다. 자녀가 사랑스러워진다.

부모에게 칭찬의 말을 듣는 아이는 기분이 달라진다. 사랑받고 인정받는 느낌이 든다. 아이는 그 감정에 맞게 행동을 변화시킨다. 공손하고 예의바른 아이가 된다. 부모의 칭찬에 맞는 행동을 하려고 노력한다. 이제는 악순환 사이클에서 벗어나 선순환 사이클로 접어들게 된다.

사랑 받을 만한 아이를 사랑하는 건 누구나 할 수 있다. 노력하는 아이, 고분고분 말 잘 듣는 아이, 예의 바른 아이는 학교에서도 칭찬하고 이웃들도 칭찬한다. 사랑 받을 만하지 않은 자녀를 사랑하는 것, 그것이 바로 부모의 역할이다.

아이의 고치고 싶은 행동이 눈에 보인다면 먼저 칭찬하라. 미운 짓 하는 아이 때문에 속상하다면 먼저 사랑한다고 말하라. 사랑한다고 말을 하면 정말 아이가 사랑스럽게 보이기 시작한다. 그리고 결국 아이는 사랑스럽게 행동하게 될 것이다.

# 우리 가족 경계선은 안전한가?

전통적인 한국의 가옥구조는 마당이 있고 마당 끝에 담이 있다. 그 담에는 육중한 대문이 있다. 집은 담과 대문에 가려져 잘 보이지 않는다. 반면 미국의 집들은 담이 없다. 집 앞에 잔디가 펼쳐져 있다. 집으로 통하는 문이 있을 뿐이다. 누구나 집 외관을 볼 수 있다.

담 밖에서는 볼 수 없는 한국의 집, 그러나 정작 그 안으로 들어가면 경계가 없다. 방과 방은 열려 있다. 가족은 누구나 수시로 드나들 수 있다. 누구도 가족구성원의 방에 들어갈 때 노크를 하거나 허락을 구하지 않는다. 가족 안에서는 모든 것이 허용된다.

미국의 가옥구조는 현관 앞까지는 자유롭게 열려 있다. 막상 집 안으로 들어가면 경계가 분명하다. 가족이라도 서로의 방에 들어갈 때는 노크를 하고 허락을 구한다. 개인의 영역과 가족이 함께 하는 영역이 구별된다.

흥미로운 점은 미국과 한국은 가옥 구조의 차이처럼 가족 체계에서도 비슷한 차이를 보인다.

건강하지 않은 가족은 두 가지 형태로 경계선을 나타낸다. 극단적인 미국적 가옥구조와 극단적인 한국적 가옥구조의 모습이라고 이해하면 좋다. 건강하지 않은 것은 항상 극단적이다. 한 쪽으로 치우쳐 있고 경직되어 있다.

'극단적인 미국식 가옥구조'로 설명되는 가족의 모습은 가족 구성원 사이에 높은 담이 있다. 외딴 섬처럼 가족들은 각기 자기의 영역 안에 고립되어 있다. 친밀감이 떨어진다. 접촉은 거의 없으며 단절된 관계이다. 이러한 가족 관계를 이탈된 가족이라고 부른다. 가족 구성원들은 대개 자발성이 결여되어 있고 외로움을 경험한다.

'극단의 한국식 가옥구조'는 이탈된 가족의 반대편에 있다. 너무 밀착되어 있다. 서로의 공간은 물론 감정, 생각, 행동에 까지 침범한다. 가족이니까, 부모니까 간섭하고 개입할 수 있다고 여긴다. 겉으로 볼 때는 똘똘 뭉쳐서 무척 친밀한 것처럼 보이지만 이것은 가짜 친밀함이다. 안에서는 혼란스럽고 불안하다. 애증관계가 만들어진다. 이런 가족을 밀착된 혹은 융합된 가족이라고 부른다. 감자를 으깨어 섞어놓은 것처럼 뭉쳐져 있다. 심리적으로 분화되지 않은 가족이다.

건강한 가족은 두 가지 모습의 중간쯤에 있다. 가족은 서로 친밀하게 연결되어 있어야 하고 가족 구성원의 개별성을 인정해야 한다. 다시 정의하면, 구성원 개개인의 감정, 생각, 행동을 인정해 주면서 위로와 지지를 주는 관계여야 한다.

## 극단적 가족경계선에서 병들어가는 아이들

한참 공부에 몰두해야 할 고3 찬규가 엄마 손에 이끌려 상담실에 왔다. 찬규는 부스스한 얼굴에 졸음이 가득한 눈이었다. 새벽부터 일어나 전주에서 올라왔으니 피곤할 만했다.

해맑은 얼굴에 검은 뿔테 안경을 낀 찬규는 모범생처럼 보였다. 부모에게 등이 밀려 억지로 온 청소년들의 모습과는 사뭇 달랐다. 반발이나 거부감을 드러내지 않은 채 적극적이었다. 묻는 말에 술술 대답도 잘했다.

모범생 모습과는 달리 찬규의 성적은 늘 끝에서 두 번째였다. 찬규가 다니는 고등학교는 전교생이 기숙사 생활이었다. 부모는 찬규가 좋은 대학에 진학하기를 바라는 마음으로, 찬규는 집에서 탈출하려는 마음으로 지금의 학교를 선택했다.

"집에 있으면 숨이 막혀요. 2주에 한 번씩 주말에 가는 집인데 말을 한 마디도 안하고 올 때도 있어요."

그게 편하다고 했다. 아빠의 말은 대부분 질책이었다. 못마땅하게 여기는 말을 듣느니, 차라리 찬규 편에서 마주칠 기회를 차단했다. 아빠와는 중학교 이후로 말을 하지 않은 채 살았다.

저녁도 각자 먹었다. 엄마는 주말에도 일하는 날이 많기 때문에 늦게 들어왔다. 아빠는 식탁에서 매일 혼자 술을 마셨다. 아빠가 방으로 들어간 후에야 찬규는 저녁을 먹었다. 동생도 자기가 알아서 먹고 방에서 나오지 않는다고 했다.

가족 간의 친밀감은 전혀 없다. 공공기관의 임원인 아빠는 가족에 대해 늘 화가 나 있다. 요즘은 직접적인 체벌은 하지 않지만, 늘 "에이~~"라는 말로 시작한다. 못마땅하다는 표시다. 못마땅한 마음을 늘 술로 달랜다. 엄마는 늘 회사일로 바쁘다. 아빠보다 늦게 퇴근한다. 아이들의 필요를 돌볼 시간이 없다.

가족이라는 울타리 안에서 이들은 섬처럼 떨어져 산다.

찬규는 학교에서 문제를 일으키지 않는다. 선생님들과도 잘 지낸다. 문제는 아무 것도 하지 않는다는 것이다. 학생의 98%를 대학에 진학시키는 것이 목표인 학교에서 찬규는 선생님들마저 포기한 문제아다. 수업 시간에는 자거나 멍하게 앉아 있다. 밤에는 핸드폰으로 웹툰을 보거나 게임을 한다.

죽을 용기가 없어서 살아있다는 찬규. 미래에 대한 계획이 있을리 없다. 자신이 무엇인가를 하면 부모가 기대를 가질 터이므로 아예 아무 것도 하지 않는단다.

찬규는 깊은 무기력에 빠져 있다. 정서적 친밀감 없이 고립된 가족구조에서 비롯된 모습이다.


찬규의 가족과 달리 우리나라의 평범한 가족들은 지나치게 밀착형이다. 부모는 아이들의 삶에 쉽게 개입한다. 아이들의 사적인 공간은 없다. 아이들 방이 있지만 부모는 언제든지 드나들며 물건을 옮기고 치운다. 가족과 다른 의견이나 감정을 인정하지 않는다. 심지어 다른 의견을 가지면 나쁜 아이라는 죄책감을 심어준다. 가족의 모임이나 행사가 있다면 개인의 약속은 당연히 희생할 것을 요구한다.

사춘기 딸을 어떻게 다루어야 할지 몰라 당황한 진영씨가 상담실을 찾아왔다. 요즘 들어 딸이 자신과 말을 하지 않는다고 했다. 엄마가 원하는 것은 무조건 반대하고 대수롭지 않은 말에도 화를 낸다고 했다.

"저는 특별히 아이들을 억압하거나 힘들게 하지 않아요. 그저 남들이 하는 만큼 하는 거 같은데."

최근에 딸이 화를 냈던 사건을 이야기해보라고 했다. 중학생 딸이 앞머리를 길게 해서 눈을 가리고 다니는 게 답답하고 보기 싫었다. 딸에게 앞머리 좀 자르라고 해도 도통 듣지를 않았다. 아이와 함께 미용실에 가던 날, 엄마는 미용사와 짜고 아이의 앞머리를 잘라버렸다. 그 일 이후로 아이는 엄마에게 분노를 폭발하는 일이 잦아졌다.

아이의 머리를 마음대로 잘라버린 진영씨. 그러나 자신이 평범한 엄마라고 생각한다. 사춘기 아이의 방에 들어가 옷장의 옷 배치를 마음대로 바꾸고, 수시로 아이의 가방도 쏟아서 정리해준다. 아이가 게을러서 주변이 정리가 안 된다는 이유에서다. 주변이 지저분하면 공부에 집중치 못할 거라는 생각 때문이다.

딸은 경계를 넘어오는 엄마에게 분노로 저항하고 있는 것이다. 그러나 진영씨는 자신의 행위가 사랑이고 돌봄이라고 생각한다. 침범이라고는 꿈에도 생각하지 않는다.

이처럼 돌봄과 사랑이라는 이름으로, 가족의 경계선은 쉽게 침범당한다. 사랑이 지나쳐서 경계를 무너뜨리면 부모 자녀 관계는 애증의 관계가 된다.

### 적당한 가족경계선이 건강하다

가족 경계선의 수위 조절이 필요하다.

경계선이 굳게 자리 잡은 가족, 그 안에서 아이들은 외롭다. 외로움은 자신에 대한 무기력감으로 극단적 선택으로까지 이어질 가능성이 높다. 한편 경계선이 없어 밀착되고 융합된 가족이 되면, 아이들은 의존적이 된다. 두려움으로 가족의 테두리에서 벗어나지 못한다. 한편으로는 경계선 안에서 분노한다.

존과 린다 프리엘은 그의 저서 '성인아이, 역기능 가족의 비밀'이라는 책에서 가족경계선에 대해 이렇게 표현했다.

"시계추가 한 쪽 끝으로 가면 우리는 외로워하고 쓸쓸해하며 두려워한다. 이러한 것에 지친 우리는 반대쪽 끝으로 움직이며, 거기서 그물에 걸린 느낌과 질식할 것 같은 느낌, 분노를 느낀다."

우리의 가족이 어떤 경계선을 유지하고 있는지 살펴봐야 한다. 약간의 경직성은 아이에게 독립성을 길러줄 것이다. 또한 약간의 밀착성은 가족의 소중함을 느끼게 해줄 것이다. 극단적이지 않은, 적당한 가족 경계선이 필요하다.

미국의 풀러신학교 데이비트 스툽박사는 가족 경계선이 우리의 피부와 같은 역할을 한다고 말했다.

"피부는 우리 몸 안에 있는 것을 속에 있도록 유지하며, 우리 몸 밖에 있는 것들을 밖에 있도록 유지하는 역할을 한다. 피부라고 하는 경계선이 없으면 우리의 내부 기관들이 터져서 쏟아져 나오는 것처럼 경계선은 가족을 지켜주는 역할을 한다."

가족 경계선이 한 쪽으로 치우치지 않도록 균형을 잡아주는 것이 중요하다. 가족이라는 테두리 안에서 애착을 형성해야 한다. 한편 자기만의 공간, 자기만의 비밀, 자기만의 세계를 인정받는 가족 분위기를 만들어야 한다.

경계를 존중받아야 아이는 독립적인 성인으로 성장할 수 있다.

# 세상에 문제 아이는 없다

나는 2남 4녀 중 막내딸이다.

내가 태어날 즈음, 아버지의 사업이 실패했다. 가난한 살림살이가 계속되었다. 부모님은 줄줄이 이어지는 자식들에게 각별한 관심을 기울이기 어려웠다.

나는 다행히 부모님의 관심을 끌만한 요소가 몇 개 있었다. 막내딸이었고, 몸이 약했고, 음식을 심하게 가려먹었고, 공부를 잘했다.

초등학교에 입학해 첫 시험을 보았는데 1등이었다. 선생님의 주목을 받기 시작했다. 부모님이 좋아하셨다. 특히 어머니가 주위 사람들에게 자랑을 많이 했다. 동네 사람들이 나를 특별히 눈여겨보는 것이 느껴졌다.

'어? 공부를 잘하니까 사람들이 나를 좋아하는구나.'

나는 본능적으로 알아차렸다. 공부를 잘하는 것이 부모님과 주위의 관심을 끄는 방법이라는 것을.

학교에서 상을 받고 돌아가는 날이면 가슴이 두근거렸다. 부모님이 기뻐할 모습을 상상하며 즐거웠다. 사랑받기 위해서는 무엇인가를 이루어야 한다는 생각이 어린 나에게 각인되었던 셈이다.

누군가에게 인정을 받아야 비로소 괜찮은 사람이라는 느낌과 생각이 내 의식 깊이 자리를 잡았다. 상대적으로 인정받지 못하면 엄청난 실패감과 좌절감에 빠지곤 했다.

어머니는 그저 공부 잘하는 나를 칭찬하고 기뻐했을 뿐이다. 나는 달랐다. 어머니의 관심과 사랑을 갈구했고, 공부 잘하는 것으로 원하는 바를 얻었다. 그때 비로소 내 스스로가 가치 있는 존재로 여겨졌다.

세상 사람들과의 관계에서도 동일한 원칙이 적용되었다. 열심히 노력해서 남들보다 좋은 결과를 얻었을 경우, 그때에만 나는 괜찮은 사람이 되었다.

### 아이들의 목적은 오직 부모의 관심

부모의 관심과 사랑을 받고자 하는 아이의 욕구, 그에 대한 부모의 반응. 이 둘의 관계는 매우 밀접하다. 아이 인생에 중대한 영향을 미친다.

예컨대 아이의 숨겨진 욕구를 알지 못한 채 반응하는 부모의 말과 행동 때문에 아이들은 문제를 일으킨다. 이러한 문제가 반복되면 부모와 자녀 관계에 깊은 상처를 남긴다.

아이와의 관계가 틀어졌는가? 아이가 문제 행동을 반복하는가?

먼저 아이의 욕구를 살펴봐야 한다. 내면적으로 무엇을 간절히 원하고 있는지, 그 이유를 알면 적절히 대응할 수 있다.

부모의 반응에 따라 행동하는 어린 소녀에 대한 이야기를 성경에서도 볼 수 있다.

헤롯은 형제인 빌립의 아내 헤로디아를 아내로 맞았다. 세례 요한은 헤롯에게 형제의 아내를 차지하는 것은 옳지 않다고 말했다. 그 때문에 헤롯은 요한을 감옥에 가두었다. 헤로디아는 한발 더 나아가 요한을 죽이고자 했다. 그러나 뜻을 이루지 못했다. 왜냐하면 헤롯이 요한을 두려워했기 때문이다. 당시 유대인들에게 요한은 의롭고 성스러운 사람으로 칭송받고 있었다.

헤롯이 자기 생일에 사람들을 초청하여 잔치를 벌였다. 헤로디아의 딸이 춤을 추어서 헤롯과 사람들을 즐겁게 했다. 헤롯이 흥에 겨워 딸에게 말했다.

"네 소원이 무엇이냐? 내가 이 나라의 절반이라도 주겠다."

딸은 엄마 헤로디아에게 물었다. 헤로디아는 세례자 요한의 머리를 쟁반에 담아서 내게 달라고 말하라고 시켰다. 헤롯은 몹시 괴로웠다. 그러나 많은 사람 앞에서 맹세하였으므로 딸의 요청을 거절할 수 없었다.

헤롯은 호위병에게 요한의 머리를 가져오라고 명령했다. 호위병은 요한의 목을 베어서, 쟁반에 담아 딸에게 주었다. 딸은 엄마 헤로디아에게 가져다주었다.

자, 이제 상상해보라. 어린 소녀가 죽은 사람의 목이 담긴 쟁반을 들고 걸어가는 모습을. 얼마나 끔찍한 장면인가. 자기의 목적을 이루기 위해 어린 딸에게 무시무시한 소원을 말하게 했던 엄마. 그 엄마가 평소 딸에게 어떻게 했을지 쉽사리 짐작할 수 있다.

어린 딸은 기뻐서 그 일을 했을까, 강요에 의한 선택이었을까, 혹은 무감각하게 아무 느낌도 없었을까.

어느 쪽이든 주목할 점이 있다. 아이는 엄마에게 사랑받기 위해서 그 일을 했다는 것이다. 엄마가 칭찬하고 기뻐하면, 아이는 자신이 옳은 일을 했다고 생각했을 것이다. 엄마와 자신이 같은 편이라는 소속감과 만족감을 느꼈을 것이다.

### 부모의 잘못된 반응이 아이의 문제 행동 유발한다

어린 시절 아이의 가치와 행동 기준은 부모에게 있다.

아이는 부모에게 인정받고 싶은 욕구가 있다. 이 욕구가 채워지는 경험을 했다면, 그 방법으로 자기의 행동을 결정한다.

긍정적인 방법을 썼는데 부모가 받아주고 인정해주면, 아이는 계속 긍정적인 행동을 한다. 하지만 긍정적인 방법을 썼음에도 부모에게 인정받지 못하면 어찌될까. 아이는 다른 방법, 즉 부정적인 방법을 궁리하게 된다. 옳고 그름을 판단하는 기준이 자신의 객관적인 판단이 아니라 부모의 반응에 있기 때문이다.

아이의 기준은 간단하다. 부모가 좋아하고 기뻐하는 일은 옳은 것, 부모가 싫어하는 일은 틀린 것이다. 그러므로 아이는 부모가 받아주는 방법을 옳은 것으로 생각한다. 그 행동을 계속하게 된다.

### 드라이커스의 부모반응 이론

이렇게 아이의 나쁜 행동이 부모의 잘못된 반응에서 비롯된다고 주장한 학자가 있다. 아들러(Adler)의 개인심리학 이론을 부모교육에 적용하여 민주적인 양육원칙을 소개한 드라이커스(Drikus)이다.

그의 주장을 정리하면 이렇다.

아이들이 좋은 방법으로 인정받거나 소속될 수 없다고 생각할 때, 오히려 잘못된 행동을 함으로 소속되려고 한다. 아이들의 잘못된 행동은 좌절에서 비롯된 것이며, 그 방법을 통해서만 어떤 위치를 확보할 수 있다고 생각한다.

그의 이론에 따르면, 아이들의 대표적인 나쁜 행동은 다음과 같다.

관심 끌기(attention)
힘 행사하기(power)
보복하기(revenge)
무능함 드러내기(displaying inadequacy)


'관심 끌기'는 부모의 관심을 이끌어내기 위해 보채고 귀찮게 하는 행동이다.

'힘 행사하기'는 부모와 힘겨루기 싸움을 하는 것이다. 힘의 주도권을 가지려고 고집을 부리거나 대드는 행동을 한다.

'보복하기'는 힘겨루기에서 한 걸음 더 나아가 분노의 감정을 폭발시키는 상태를 의미한다. 부모에게 상처가 되는 말과 행동을 한다.

'무능함 보이기'는 모든 상황에 패배감을 느껴 발전하려는 생각을 포기하는 행동을 말한다.

이 4가지 행동은 부모를 자극하여 갈등과 다툼을 일으킨다.

관심 끌기 행동에서 부모는 짜증을 낸다. 힘 행사하기에서는 화가 나서 아이와 맞서 싸운다. 보복하기에서는 부모도 깊은 상처를 받기 때문에 무의식적으로 아이에게 앙갚음을 한다. 무능함 보이기에서는 부모도 자녀를 포기하게 된다.

부모와 자녀의 갈등은, 겉으로는 아이들의 나쁜 행동에서 비롯된 것처럼 보인다. 아이의 문제 행동 때문에 부모가 화를 내고 소리를 지르는 등의 반응을 보이는 것처럼 여겨진다.

과연 그럴까. 드라이커스는 오히려 "부모의 잘못된 반응이 아이들의 나쁜 행동을 촉진한다."고 말하고 있다.

아이들은 때때로 나쁜 행동을 한다. 그러나 나쁜 행동을 반복하게 만들거나 악화시키는 것은 부모의 책임이다. 따라서 부모의 적절한 반응이 중요하다.

그렇다면 아이의 문제 행동을 잠재우는 적절한 부모의 반응은 무엇인가.

관심을 끌려고 귀찮게 하는 아이에게는 무관심하게 대처해야 한다. 힘겨루기를 하는 아이와 맞서 싸우지 않아야 한다. 보복하는 아이에게 같이 보복하고 싶은 마음을 다스리고 오히려 신뢰와 존중을 보인다. 무능함을 보이는 아이는 가장 좌절이 심한 경우다. 부모가 같이 포기하면 안 된다. 작은 것에 대한 칭찬과 격려로 시작해 일관성 있게 지속해야 한다.

### 소속되고 싶은 아이의 욕구

인간은 어딘가에 소속되고 싶어 한다. 그 속에서 중요한 위치를 차지하고자 하는 욕구가 있다. 이 욕구가 행동을 이끄는 숨겨진 동기이다.

자신이 좋은 방법으로는 인정받거나 소속될 수 없다고 생각하게 될 때, 오히려 잘못된 방법으로 소속되려고 한다. 위의 4가지 문제 행동은 아이들이 좋은 방법으로 인정받지 못했기 때문에 나타난 행동이다. 좌절감의 결과인 셈이다.

아이들 행동의 숨은 욕구를 파악하자. 나쁜 행동을 하는 아이도 부모에게 인정받고 싶어서이다.

부모가 아이의 행동만을 지적할 때 아이의 나쁜 행동은 점점 더 강화될 뿐이다. 처음에는 관심 받으려고 했다가 힘겨루기로, 보복으로, 자신을 포기하는 모습으로 아이는 점점 강도가 높은 문제 행동을 보이게 된다.

아이가 나쁜 행동을 보일 때 행동의 앞면만 보지 말고 뒷면을 보자. 그 행동의 뒷면에는 부모를 향한 인정과 소속욕구가 있다. 그러므로 부모는 아이가 인정받고 싶어 한다는 것을 알아주자. 그리고 적절한 반응을 보일 때, 자녀의 나쁜 행동을 바꿀 수 있다.

# 부부의 파워게임으로
# 아이가 병들어간다

결혼을 하면 저녁마다 남편과 알콩달콩 재미있는 시간을 보내게 될 줄 알았다. 연애시절 남편은 매일 저녁 찾아왔다. 나를 재미있게 해주려고 온 몸으로 공감하며 내 이야기를 들어주었다.

막상 결혼을 하고 나니 남편은 너무 바빴다. 자정을 넘긴 시각, 술에 취해 들어오는 날이 많았다. 실망스러웠고 외로웠다. 다툼이 생겼다.

나중에 알고 보니 남편은 주도권을 잡으려 일부러 늦게 들어왔던 것이다. 직장에서 결혼한 동료들이 평탄한 결혼 생활의 비법이랍시고 남편에게 전수한 것이었다. 신혼 초에 누가 주도권을 잡는지가 중요하고, 처음에 길을 잘 들여야 결혼 생활이 편하다고 충고했단다.

사랑해서 결혼 한 두 사람. 부부가 되는 순간 서로 권력을 행사하고자 하는 파워 게임이 시작된다. 결혼과 동시에 서로 자신의 영역을 설정한다. 남편은 주로 경제적인 부분을, 아내는 가사와 양육을 맡게 된다. 물론 역할은 바뀔 수도 있다.

그러던 어느 날 상대방이 자신의 영역에 침범해 들어온다.

"집이 왜 이렇게 정신없어?"

퇴근 한 남편이 던진 한 마디에 아내가 발끈한다. 집안일이라는 자신의 영역을 침범당한 아내는 민감하게 반응한다.

"나도 하루 종일 바빴거든. 나는 뭐 빈둥거리고 놀았는줄 알아?"

이렇게 대응하는 남편과 아내는 대칭관계에 있는 부부이다. 쌍방의 힘이 비슷해서 누가 권력의 주도권을 가질 것인지를 놓고 날카롭게 맞선다. 그러다보니 다툼이 잦다. 일상의 사소한 이유로 부부 싸움을 하더라도 근원적인 이유는 사실 가정에서의 더 많은 권력을 행사하고자 하는 파워 게임이다.

배우자 중 한 사람이 일방적으로 권력을 행사하는 경우도 있다. 한 사람이 모든 판단과 결정을 내리고, 다른 한 쪽은 복종하는 형태다. 종속적 관계이다. 이런 가정은 권력을 두고 다투지는 않는다. 겉으로는 평화로워 보인다. 그러나 복종을 강요당하는 쪽은 불만이 안으로 쌓이고 피해의식에 사로잡혀 있다. 행복하지 않다. 황혼이혼을 하는 부부 중 이러한 종속적 관계가 많다.

부부의 권력 다툼은 가족 환경을 긴장시킨다. 가족 구성원 모두를 흔든다. 언제 촉발될지 모르는 부모의 팽팽한 신경전은 아이들을 긴장하게 만든다. 잦은 다툼으로 아이들은 불안하다. 권력을 행사하는 사람의 편에 서려고 눈치를 살핀다.

가족 치료사 제이 헤일리(Jay Haley)는 "가족 관계의 모든 어려움은 권력 문제에서 비롯된다."고 말했다. 그는 한쪽이 권력을 과대하게 갖게 되면 상대는 우울증, 과음, 지나친 잔소리, 폭력, 공포증 등을 나타낸다고 했다.

상담실에서 만난 기은씨. 엄마가 계모가 아닐까 평생 의심을 해왔단다.

아빠는 엄마와 사이가 좋지 않아 종종 집을 나갔다가 오랜만에 돌아오곤 했다. 그럴 때면 꼭 기은씨에게만 선물을 사다줄 정도로 형제 중에 유독 예뻐했다. 아빠의 사랑이 좋았지만 한편으로는 불안했다. 엄마의 싸늘한 눈초리와 조롱 섞인 말투, 언니들의 시기 질투를 받아야했기 때문이다. 특히 아빠가 집을 나가고 없을 때, 남의 집에 와 있는 듯한 느낌이었다. 가족들의 비유를 맞추려고 애썼다.

성인이 된 지금도 기은씨는 그때의 느낌에서 벗어나지 못했다. 늘 등 뒤에서 엄마의 욕설과 비난이 들리는 듯한 환청에 시달렸다. 낮은 자존감으로 자신을 학대하며 불안과 우울감에 시달리고 있었다.

아빠는 기은씨를 사랑했지만 무능력했다. 기은씨를 보호해줄 만한 권력이 없었다. 어쩌다 집에 들어와 딸에게 잘해주었지만 그게 오히려 딸을 곤란하게 했다. 다른 가족들에게 미움 받는 원인이 되었다.

아빠가 없는 시간은 물론 아빠가 있을 때도 집안의 주도권을 잡고 있는 것은 엄마라는 사실을 기은씨는 알고 있었다. 그러므로 아빠의 사랑이 좋으면서 불안했던 것이다.

### 부부관계에 끌려 들어가는 아이

부부간의 권력 다툼에서 아이들은 희생양이 된다. 약자인 아이들은 부모 두 사람 중 누가 강자인지를 살핀다. 어떻게 처신해야 하는지를 배운다. 살아남기 위해 누구 편에 서야 할지 자신의 포지션을 정하게 된다.

부부간의 권력 다툼에서 아이들은 불안하다. 기은씨는 아빠의 특별한 사랑 때문에 권력을 가진 엄마에게 미움을 받을까봐 늘 불안했다. 아빠는 아내와의 관계에서 불화하자 기은씨를 삼각관계에 끌어들였다.

가족치료학자 머레이 보웬은 인간의 안정된 관계를 삼각관계 이론으로 설명했다. 삼각관계란 어떤 두 사람이 자신들의 정서적 문제에 또 다른 한 사람을 끌어들이는 형태를 말한다. 자아 성숙도가 낮은 사람들일수록 두 사람간의 관계가 불안할 때, 제3자를 끌어들임으로 안정감을 느낀다.

부부 관계가 불안할 때도 마찬가지다. 부부는 자녀 중 한 명을 제3자로 끌어들인다. 자녀를 개입시켜 관심을 돌리고, 그로 인해 긴장을 완화시키는 것이다. 이 삼각관계에 걸린 자녀는 희생양이 된다. 희생양인 자녀가 심리적으로 건강하게 자라지 못하는 것은 불 보듯

뻔하다.

　"두 사람으로 이루어진 시스템은 그 본질상 불안정하다. 두 사람 사이에 불안과 갈등이 있으면 그 상태가 오래 지속될 수 없다. 곧 제 3의 인물이 들어가 삼각관계를 이루게 된다. 아니면 두 사람 중에 한 사람이 누군가를 끌어들여 삼각관계를 형성한다. 이러한 과정은 의식적인 성찰이나 의지가 없다면 물리학의 법칙처럼 자동으로 일어난다."

　심리학자 헤리엇 골드호 러너의 말이다.

　부부 관계가 나빠지면, 아이를 그들의 관계 속으로 끌어들이는 일이 자동적으로 일어난다는 말이다. 의도하지 않았는데 자기도 모르는 사이 부부는 아이를 희생양으로 만들게 되는 셈이다.


　로희씨는 부모교육을 받는 내내 지나칠 정도로 아이의 사례를 질문했다. 그리고  초등학교 다니는 자신의 큰 아들을 만나줄 것을 부탁했다. 언제부터인가 아이가 집중력이 떨어져 엄마나 선생님의 지시 사항을 기억하지 못한다는 것이었다.

　따로 상담 날짜를 잡아 아이를 만났다. 외형적으로 아이는 매우 의젓하고 어른스러웠다. 몇 가지 질문을 했다. 아이는 단답형의 대답을 할 뿐이었다. 질문에 걸맞지 않는 엉뚱한 말을 하기도 했다. 엄마에 대한 마음이 예사롭지 않았다. ADHD 증세를 보이는 동생의 폭력과 폭언이 가장 힘들지만 참는다고 했다. 엄마가 힘들어서 도와줘야 한다고 생각했기 때문이다.

몇 가지 검사와 인터뷰를 통해, 아이의 심리상태가 극도로 불안하고 위축되어 있는 것을 알 수 있었다. 과도한 책임감으로 억눌려 어린아이답지 않은 차분함을 보였다.

"제가 남편 대신 아이를 많이 의지했던 게 사실이에요. 남편하고는 대화가 안돼요. 제가 아이에게 안 된다고 금지시킨 일을 남편이 자기 마음대로 괜찮다며 풀어줘요. 항의를 하면 소리를 지르고 화를 내니까 어쩔 수 없이 제가 참죠. 그런 속상한 마음, 외로운 마음을 큰 아이에게 많이 이야기 했어요. 이제 겨우 초등학교 3학년인데 제가 너무했죠."

아이 상담 결과를 이야기하자 로희씨는 눈물을 훔쳤다. 자신도 모르게 힘든 마음을 아이에게서 위로받으려고 했던 것 같다고 고백했다. 워낙 착하고 엄마 말을 잘 들어주는 아이여서 남편보다 아이를 의지했다고 한다.

남편과의 권력다툼에서 패배하고 항상 외로웠던 로희씨. 착하고 믿음직한 큰 아들을 삼각관계 안으로 끌어들인 것이었다. 아이는 초등학생으로 감당하기 어려운 심리적 짐을 져야했다. 불안과 위축감으로 학교생활을 하는데 어려움을 겪고 있는 것이었다.

좋은 부부 관계는 건강한 가족의 핵심이다. 자녀교육의 든든한 기반이다.

부부는 인생을 살아가는 동안 함께 가정을 일구는 동역자이다. 그 길에서 즐거움을 나누는 친구여야 한다. 권력을 행사하는 억압자와 지배를 당하는 복종자의 관계가 되어서는 안 된다. 집안의 주도권을 잡기 위해 다툼을 벌이는 동안, 아이들은 희생양이 되고 상처를 입는다. 마음이 병들고 삶이 우울해진다.

권력을 행사하려는 마음을 버리라.

지금 부부가 갈등 가운데 있다면, 두 사람의 힘으로 회복이 되지 않는다면, 전문가의 도움을 구하는 것도 좋다. 부부의 문제를 해결하여 평안한 가정을 만드는 것이 먼저다. 그래야 부부는 마음을 모아 자녀를 잘 양육할 수 있다.

# 탓하는 말을 하지 않으려면

"남편에 대한 서운한 마음이 많았어요. 수업을 듣고 나니 그게 내 감정의 문제였다는 것을 알게 되었네요."

수업 중 제시한 사례가 딱 자신의 상황이라며 진아씨가 말했다.

유난히 친구가 많고 함께 어울리는 것을 좋아하는 남편. 저녁마다 친구들과의 약속이 잦았다. 가족과 함께 지내다가도 친구가 전화를 하면 주저 없이 나가버렸다. 그럴 때마다 진아씨는 화가 났다. 가족을 소홀히 여기는 남편이 미웠다. 가족보다 친구가 더 중요하냐고 따지곤 했다. 그래도 고쳐지지 않았다. 진아씨는 늘 마음이 텅 빈 것처럼 허전했다.

감정은 욕구와 연결되어 있다. 욕구가 충족되면 좋은 감정이 생긴다. 욕구가 좌절되면 슬프고 힘든 감정이 자라난다.

진아씨의 허전함과 외로움은 남편으로부터 소중하게 여겨지고 싶은 욕구에서 비롯되었다. 그 욕구가 충족되지 못해서 허전하고 외로웠다. 진아씨의 욕구와 연결된 진아씨만의 '내 감정'이다.

남편이 친구를 좋아해서 많은 시간을 보낼 때 모든 사람이 진아씨 같은 감정을 느끼지는 않는다. 어떤 아내는 자기 시간이 많아서 좋아할 수 있다. 직장에서 바쁜 아내는 오히려 남편이 친구와 시간을 보내는 것이 마음 편하다.

그러나 진아씨는 남편에게 이렇게 말하고 있었다.

"당신 때문에 내가 외로워."

"당신 때문에 내 결혼 생활은 불행해."

맞는 표현이 아니다. 이렇게 말해야 한다.

"나는 당신에게 소중하게 여겨지고 싶어, 그런데 당신이 친구들을 너무 좋아하고 시간을 많이 쓰니까 내가 외로워."

사랑받고 싶은 나의 욕구가 좌절돼 외롭고 쓸쓸한 감정이 든다고 말해야 한다. 진아씨는 오늘 돌아가서 남편에게 자신의 욕구와 감정을 표현해보겠노라고 했다.

### 행동을 보지 말고 행동 이면의 욕구를 보라

자녀와의 관계에서도 동일하다. 아이들의 감정을 알려면 욕구를 추측해보면 된다.

"언니 것이 더 많잖아."

동생이 간식을 두고 트집을 잡는다. 동생의 욕구는 언니보다 더 많이 사랑받고 싶은 것이다.

"앞으로 그림 안 그릴거야. 난 그림을 못 그려."

아이는 스케치북을 밀어내며 심통을 부린다. 정말 그림을 안 그리겠다고 선언한 것이 아니다. 그림을 잘 그리고 싶은 욕구가 좌절되어 슬퍼하는 것이다.

아이들의 행동 이면에는 욕구가 있다. 욕구와 연결되어 감정이 발생한다. 그런데 부모들은 흔히 겉으로 드러난 감정과 행동만 보고 말한다.

"왜 욕심을 부려, 언니거랑 똑같잖아."

"그림 잘 그리려면 연습을 해야지."

아이가 거슬리는 행동을 했을 때, 부모는 해결할 방법부터 찾는다. 이런 식으로는 문제가 쉽게 풀리지 않는다. 먼저 아이의 욕구를 생각해야 한다.

아이가 어떤 욕구를 충족시키고 싶어서 이런 행동을 할까?

아이의 욕구를 정확히 알 수는 없다. 추측을 할 뿐이다. 그러나 아이의 욕구를 추측하다 보면 아이를 이해하는데 도움이 된다. 아이의 감정을 읽을 수가 있다.

왜 욕심을 부리느냐고 말하는 대신 "언니보다 작게 준 거 같아서 서운했구나."라고 말할 수 있다. 왜 짜증을 내느냐고 책망하는 대신 "그림을 멋지게 잘 그리고 싶은데 잘 안돼서 속상하구나." 라고 말해줄 수 있다.

부모가 아이의 욕구와 감정을 존중하면서 말하면, 아이는 존중받는다고 느낀다. 그 느낌으로 부모의 말에 집중한다. 강압적으로 요구할 때보다 훨씬 더 빨리 문제가 해결된다.

욕구와 감정언어 사용에 대해 배운 진아씨가 그 다음 주 남편 대신 아이와 있었던 성공담을 나누었다.

진아씨는 오랜만에 친구와 만났다. 아이들을 데리고 키즈 카페에 갔다. 6세 동갑내기인 친구의 딸과 진아씨의 아들은 금방 친해져서 잘 놀았다. 두 아이가 노는 동안 진아씨는 친구와의 수다에 빠져들었다.

잠시 후 아들이 진아씨에게 왔다. 친구와 더 이상 놀고 싶지 않다고 말했다. 친구가 자기 말을 따라주지 않는다고 했다. 결론은, 그만 집으로 돌아가자는 것이었다.

진아씨는 자신의 욕구와 감정을 아이에게 말했다.

"엄마는 오랜만에 친구 만나서 기분이 엄청 좋아. 그래서 아줌마랑 더 오래 이야기하고 싶어. 그리고 우리는 2시간 동안 여기 있으려고 돈을 이미 냈거든. 그러니까 우리는 여기서 2시간 동안 있을 거야. 친구랑 같이 놀지 않아도 돼. 뭐든 너 혼자 재미있게 놀 거리를 찾아보렴."

이렇게 말하고 진아씨는 친구와의 대화에 집중했다. 잠시 후 바라보니 아이들은 언제 다투었느냐는 듯이 즐겁게 놀고 있었다.

예전 같으면 어땠을까. 왜 친구와 사이좋게 놀지 못하느냐고 아이를 탓했으리라. 네가 먼저 친구에게 양보하라고 설득했을 것이다. 이번에는 다르게 말했다. 자신의 욕구와 감정에 집중해서 말을 했다. 의외로 아이가 쉽게 받아들였다.

부모가 먼저 자신의 욕구를 생각해보자. 훨씬, 아이의 욕구와 감정을 알아채기 쉬워진다.

욕구와 감정을 보지 못하고 행동만 볼 때, 우리는 탓하는 말을 하게 된다. 소중하게 여겨지고 싶은 자신의 욕구와 그 욕구의 좌절로 생긴 감정을, 진아씨는 제대로 알지 못했다. 그저 남편 때문에 자신의 삶이 불행하다고 탓해 왔다. 그러나 친구와 시간을 보내고자 하는 욕구와 감정을 알아채고 아이에게 그것을 표현했을 때는 아이를 탓하는 말을 하지 않을 수 있었다.

언니보다 사랑받고 싶은 욕구가 좌절되어 심통 부리는 아이. 그 감정을 알아채지 못하면 아이를 혼내고 탓하게 된다. 그림을 잘 그리고 싶은 아이의 욕구와 감정을 알아주지 못하면, 아이를 못된 아이로 이름 붙이게 된다.

아이의 행동을 판단하기 전, 그 이면에 있는 욕구를 먼저 헤아려보자. 그러면 감정의 출처를 알 수 있다. 욕구와 감정을 알면 탓하는 말을 멈출 수 있다.

# 엄마의 생각을 바꿔야 아이가 바로 선다

"아침부터 소리 질러서 아이 학교 보내놓고 나면 제 자신이 너무 싫어요."

"금세 후회하면서도 순간순간 감정을 참을 수가 없어요. 저는 엄마 자격이 없나 봐요."

부모교육에 모인 엄마들의 한숨 섞인 자책들이 이어진다. 누구한 사람도 예외 없이 공감한다.

"맞아 맞아. 나도 그래요."

"너무 어려워요. 순간적으로 감정이 확 올라오는데 어떻게 자제를 하느냐고요."

엄마들은 비슷비슷한 고백에 잠시 위안을 받기도 한다. 그러나 여전히 마음은 무겁다. 후회해도 또 실수할 것을 알기 때문이다.

이게 아닌데, 이렇게까지 화낼 일이 아닌데 왜 그랬을까? 어째서 이런 일이 번번이 반복될까? 아이에게 감정적으로 대하지 않고 이

성적으로 차분하게 대할 수는 없을까?

참 어렵다. 언제 어떤 감정이 올라와 폭발하게 될지 알 수가 없다. 분노 감정을 조절하는 다양한 기법들이 있다. 심호흡하기, 갈등의 순간을 잠시 피하기, 분노의 초기 신호 발견하기 등등. 그러나 이러한 기법들은 순간적인 폭발을 막아줄 뿐, 근본적인 분노 감정을 다스릴 수는 없다.

그러면 어떻게 해야 할까?


### 생각을 바꾸면 감정이 달라진다

감정을 다스리는 열쇠는 생각에 있다. 감정은 생각과 연결되어 있기 때문이다.

인지치료에서는 감정을 바꾸기 위해 생각을 치료한다. 우울감이나 불안감의 감정들은 자신과 세상에 대한 부적절한 생각들, 즉 비합리적인 생각들에서 비롯된다고 보기 때문이다.

데니스 그린버거는 '기분 다스리기'라는 책에서 이렇게 말했다.

"주어진 상황에서 어떤 기분을 느낄지 결정하는 것은 바로 우리의 생각이다. 특정한 기분이 들 때마다 그 기분을 지지하거나 강화하는 부가적인 생각들이 따라오게 되어있다."

기분을 지지하거나 강화하는 부가적인 생각들이란 무엇일까. 예를 들면 이러하다. 아이의 학교 엄마들이 모이는 새로운 모임에 초대받았다. 인사를 했는데 한 엄마가 눈길을 주지 않는다. 이야기를 하는 동안에도 눈을 맞추지 않는다. 가끔씩 창밖을 바라본다. 이런 상황에서 당신은 어떤 생각을 할까? 그 생각에 따라 기분이 달라진다.

첫째, '무례하네. 나를 무시하고 모욕하고 있어.'라고 생각할 수 있다. 그럴 때의 감정은 화가 난다.

둘째, '나에게 관심이 없구나. 나는 사람들을 지루하게 만드는가봐.'라고 생각할 수 있다. 그러면 슬퍼진다.

셋째, '수줍음을 많이 타나보다. 나를 쳐다보는 것이 불편한 가봐.' 그때 나의 감정은 연민이다. 그녀가 불쌍해지는 것이다.

이처럼 생각의 방향에 따라 감정은 달라진다. 하나의 감성이 올라올 때 그 감정에 따라오는 생각을 살펴보고, 그 생각을 합리적으로 바꾸는 것이 인지치료의 방법이다.


### 아이에게 화가 날 때의 생각을 들여다보자

아이를 향한 분노 감정이 올라올 때, 감정과 연결된 여러 생각들이 있다.

'왜 이렇게 게으를까, 이 습관을 못 고치면 성공할 수 없어'

'버릇이 없네, 이렇게 버릇없이 굴면 어른들이 다 싫어할 거야'

'성격이 너무 급하네, 이런 성격을 못 고치면 학교 가서 문제아가 될 거야'

분노의 감정을 지지하는 생각들이다. 그러나 이런 생각들은 대개 다음과 같은 이유들에서 비합리적이다.

아이를 사랑하기 때문에 아이가 잘못될까봐 두렵고 불안하다. 문제는 불안과 두려움이 아이의 먼 미래까지 연결된다는 것이다.

아침에 늦게 일어나는 아이를 보면서 아이가 장차 직장생활을 할 수 없을 것 같아서 두렵다. 버릇없이 말하는 아이를 보면 아이의 인간관계가 걱정된다. 조금도 참지 못하고 짜증내는 아이를 보면 아이의 모든 학교생활이 염려스럽다.

아이가 게으르다고 성공하지 못한다는 생각은 엄청난 비약이다. 게으른 아이가 뒹굴며 더 많은 생각을 할 수 있고, 사고의 힘이 길러져 성공할 수 있다.

버릇없이 보이는 아이는 단지 자기 생각을 굽히지 않고 끝까지 주장하는 것일 수 있다. 어른의 눈치 보지 않고 자기 소신대로 행동하는, 긍정적인 모습일 수 있다.

급한 성격이 학교에서 문제를 일으킬 것이라는 생각도 지나치게 확대된 걱정이다.

이처럼 부모의 걱정과 불안은 과도하다. 일어나지 않을 일을 걱정하고 두려워한다. 아이에게 소리 지르는 원인을 생각해보자. 먼 미래의 실패를 미리 두려워하고 있다면, 지금 그 생각을 바꾸라.


둘째, 아이의 행동을 고쳐야 한다는 의무감이다.

지금 당장 아이의 행동을 고쳐야 한다는 조급함이 부모의 감정을 폭발시킨다.

부모가 가르쳐주지 않으면 아이는 배우지 못할까? 부모가 고쳐주지 않으면 아이의 행동은 변하지 않을까? 그렇지 않다. 아이는 스스로도 배운다. 아이는 실패와 실수를 통해서 더 많이 배운다.

아이가 스스로 올바른 것을 찾아나갈 수 있다는 것을 믿으라. 조급하게 개입하여 아이의 행동을 고치겠다는 생각을 버리라.

셋째, 아이로부터 무시당했다는 거절감에서 비롯되는 생각들이다.

'엄마를 싫어하는구나. 너를 위해서 얼마나 희생했는데 이럴 수가 있어.', '엄마가 모른다고 함부로 무시하는구나.'

이런 생각들이 부모의 감정을 폭발시킨다.

그러나 부모가 기억해야 할 것이 있다. 아이들은 부모를 무시하거나 미워하지 않는다. 오히려 부모를 이상화, 즉 롤 모델로 여긴다. 못난 부모, 학대하는 부모조차 사랑한다.

또한 아이들은 자신의 생존이 부모의 손에 달려있다는 것을 본능적으로 안다. 그런 부모를 어찌 미워하고 무시할 수 있겠는가?

토니 험프리스는 '가족의 심리학'에서 이렇게 말한다.

"아이들은 부모가 항상 옳다고 믿는다. 아이에게 부모는 마치 신과 같기 때문이다. 아이는 자기 자신을 어떻게 보아야 하는지 부모에게 묻는다. 아니, 전적으로 의존한다."

그의 또다른 저서 '가족(Family)'에서도 다음과 같이 강조한다.

"가족과 부모를 이상화하는 일은 자연스럽고 불가피한 일이며,

심각하게 학대를 받고 버림받은 아이들은 자신의 부모를 강박적으로 보호하려고 하게 마련이라는 것을 기억하기 바란다."

그렇다. 아이에게 무시당했다는 느낌은, 부모 스스로 만들어낸 오해일 뿐이다. 기억하자. 아이의 마음 깊숙이 한 곳에는 무시가 아닌 존경이 담겨 있음을.

부모교육을 하면서 아이에게 순간적으로 화를 내고 후회하는 부모들을 많이 본다. 그들은 참지 못한 자신을 책망한다. 그러나 자책은 자책으로 그칠 가능성이 높다.

감정을 참는 것으로는 해결되지 않는다. 감정을 일으키는 생각을 살펴보아야 한다.

아이에 대한 과도한 걱정, 지금 당장 아이의 행동을 바로잡아야 한다는 조바심, 아이가 부모를 무시한다는 거절감과 같은 생각들이 분노의 감정을 일으키기 때문이다.

생각을 바꿔야 한다. 비합리적인 생각을 합리적으로. 이러한 노력이 분노 감정을 다스리는 지름길이다.

# 아이는 엄마와의 스킨십으로 자란다

"엄마, 나 봐."

밥을 먹던 여섯 살 예서가 정은씨를 불렀다.

"어, 그래, 잘 먹네."

정은씨가 고개를 돌려 대꾸를 했는데도 예서는 다시 불렀다.

"엄마, 나 보라니까."

"그래, 봤잖아. 보고 있어."

부모교육에 참여한 정은씨는 답답한 표정을 지으며 아이와의 대화를 재현했다.

"얼마 전에는 운전을 하고 있었어요. 뒤에 앉은 예서가 발로 계속 제 시트를 건드리는 거예요. 자기를 보라면서."

아이가 계속 자기를 보라고 하는 이유를 모르겠다고 했다.

"수시로 자기를 보래요. 조금도 틈을 주지 않아요. 어떻게 하루 종일 아이만 지켜보고 있어요."

예서가 언제부터 그랬는지 물어보았다. 유치원에 다닐 무렵이었다고 했다. 그 전에는 하루 종일 엄마에게 안기려 했단다. 엄마가 밀어내도 아이는 계속해서 엄마 품에 파고들었다고 했다.

"떨어져서 놀지를 않고 계속 제 몸에 치대는 거여요. 너무 힘들고 짜증이 나죠. 그래서 밀어내면 더 달라붙어요. 저는 또 밀어내고 아이는 울면서 또 안기고, 매일 그랬어요."

유치원에 들어가면서 안기는 습관은 없어졌다. 대신 사사건건 자신을 보라는 말로 바뀌었다고 했다.


보고 있는데도 계속해서 자기를 보라는 예서의 말은 무슨 뜻일까? 같이 있어도 외롭다는 말이 있다. 몸은 함께 있는데 마음이 느껴지지 않을 때 하는 말이다. 예서도 그랬을까?

정은씨는 오빠와 연년생으로 태어났다. 부모님은 맞벌이로 늘 바빴다. 일하면서 두 아이를 돌보기 힘들었던지 정은씨를 할머니댁에 보냈다. 할머니댁에도 딱히 정은씨를 돌봐줄 사람이 없었다. 할아버지는 농사일로 바빴고, 할머니는 마을 일로 항상 분주했다.

"할머니에 대한 따뜻한 기억은 없어요. 할머니는 목소리가 크고 남자 같았어요. 마을 단체장 일을 하면서 집에는 거의 없으셨어요."

정은씨는 일찍부터 부모와 분리되는 아픔을 겪었다. 엄마의 정서적 돌봄을 받아야 할 시기, 적절한 돌봄을 받지 못했다. 불행히도 엄마의 역할을 대신해줄 할머니는 외향적인 성격이었다. 아이의 필요를 세심하게 돌봐줄 수 없는 성향이었다. 먹이고 입히는 신체적인 필요를 채워주었을 뿐이다.

초등학교에 입학할 무렵, 정은씨는 집으로 돌아왔다. 엄마는 여전히 바빴다. 정은씨는 성장하면서 꼭 필요한 시기에 양육자의 세심한 정서적 돌봄을 받지 못했다.

### 사랑이 결핍된 아이들은 몸도 성장하지 않는다

어린 시절 트라우마를 겪은 아이들의 이야기인 '개로 길러진 아이'라는 책에서 브루스 D. 페리는 말했다.

"일관성 있는 스킨십이나 사랑스러운 유대 관계가 없었던 아이는 정형화된 반복적 자극을 받지 못해 보상이나 즐거움과 인간관계를 연관시켜 주는 뇌 신경망 구축에 장애를 입는다."

책에 등장하는 한 아이는 영아거식증 증세를 보이며 말라가고 있었다. 코로 연결한 튜브를 통해 고칼로리 유동식을 쏟아 부었음에도 네 살짜리 여자아이의 몸무게는 11.8킬로그램이었다. 내분비학자, 위장병학자, 영양학자를 비롯한 의학 전문의들이 각종 처방을 했다. 그러나 아이의 발육에는 아무런 변화가 없었다.

마침내 정신과 의사인 브루스박사가 투입되었다. 그가 아이의 엄마 버지니아를 만나면서 해결의 실마리를 찾았다.

버지니아는 약물중독자인 부모에게서 버려진 아이였다. 위탁가정을 옮겨 다니며 어린 시절을 보냈다. 버지니아도 고등학교를 갓 졸업하고 임신을 하게 되었고 아이의 아버지는 사라졌다.

버지니아는 자신이 그랬던 것처럼 정서적 연결고리가 단절된 방식으로 아이를 양육했다. 아이를 바닥에 누이고 우유병에 받침대를 괴어 우유를 먹였다. 가슴에 안아 쓰다듬거나 눈을 맞추지도 않았다. 평범한 유아기를 보낸 사람이라면 본능적으로 아는 신체적, 정서적 접촉을 그녀는 이해하지 못했다.

버지니아는 아이의 발달을 위해 노력했다. 그러나 엄마로서 '해야 하는 의무'를 충실히 따랐을 뿐이다. 마음에서 우러나오는 감정을 느끼지는 못했다.

모든 포유동물의 성장에는 신체적, 감정적 자극이 꼭 필요하다. 엄마에게 감정적 방임을 받은 아이가 성장이 멈춘 것이라고 판단한 브루스박사는, 따뜻하게 아이를 돌보는 위탁보모에게 모녀를 맡기는 처방을 내린다.

버지니아는 보모에게 아이를 안아주고 스킨십하는 훈련을 받게 된다. 그러자 딸은 몸무게가 늘고 회복된다.

버지니아는 딸을 사랑했고, 엄마의 책임과 의무를 다하기 위해 노력했다. 그러나 두뇌발달의 민감기에 보살핌을 받지 못했던 탓에 그녀에게는 아기를 돌보는 데 필요한 감정적인 기반이 없었다.

## 영유아기는 정서적 민감기

정은씨도 비슷한 경우였다. 어린 시절 할머니 집에 보내지면서 엄마와 정서적으로 단절되었다. 할머니에게도 세심한 돌봄을 받지 못했다.

정은씨는 예서에게 정성을 다했다. 최선을 다해 좋은 것을 먹이고 입혔다. 그러나 자신이 경험하지 못했기에 감정적인 친밀감을 주지 못했던 셈이다.

"아이가 품에 파고들면 짜증이 나요. 몸살 났을 때 건드리면 아픈 것처럼 살갗이 예민해져요. 그래서 좀 떨어지라고 아이를 밀어냈죠."

이렇게 말하던 정은씨는 교육을 받으며 예서의 감정적 욕구를 알게 되었다. 채워지지 않는 감정적 욕구 때문에 예서가 엄마의 품에 안기는 것에 집착했고, 하루 종일 자기를 보라고 외쳐댔다는 점을 이해했다.

브루스박사의 처방처럼 정은씨는 예서를 아기처럼 다시 안아주기 시작했다. 자기를 보라고 할 때마다 더 적극적으로 반응해주었다. 예서에게서 점차 변화의 모습이 보였다. 엄마의 품에서 벗어났고, 혼자 놀기 시작했다.

갓 태어난 고양이의 눈을 몇 주 동안 가려놓으면 눈의 기능이 완벽한데도 앞을 보지 못한다고 한다. 이처럼 민감기를 놓치면 뇌의 일부 신경망은 평생 제 기능을 발휘하지 못한다.

영아기와 유아기는 정서적 민감기이다. 이 시기에 받아야 할 세심한 돌봄과 정서적 접촉이 없을 때, 아이는 시력 잃은 고양이처럼 살아가야 한다. 발달이 늦거나 체중이 감소하는 성장부전의 유아는 성장호르몬 수치가 낮다.

성장호르몬이 분비되려면 신체적 자극이 필요하다. 스킨십을 통해 아이가 자라는 것이다.

영유아기에는 일관성 있는 스킨십이나 사랑스러운 유대 관계가 꼭 필요하다. 감정적으로 충족될 때 아이들은 신체적으로 정서적으로 건강하게 자란다.

마음을 이해받은 아이들은 협조적이 된다
마음을 이해받는 것은 존중받는 것이기 때문이다.
엄마가 자신을 괜찮고 멋진 아이로 인정하고 있다면,
아이는 떼를 쓰고 고집부리면 안 된다고 생각한다.
엄마가 인정해주는 수준에 맞는 사람이 되려고  노력한다.

# 3장

## 아이를 위한 행복 레시피, 엄마의 실행력

# 아이의 말, 귀 아닌 가슴으로 들어라

"20세기가 말하는 자의 시대였다면 21세기는 경청하는 리더의 시대가 될 것이다."

미래학자 톰 피터스는 말했다.

'성공하는 사람들의 7가지 습관'의 저자인 스티븐 코비 역시 비슷한 의미의 말을 남겼다.

"성공하는 사람과 그렇지 못한 사람의 대화 습관엔 뚜렷한 차이가 있다. 그 차이를 단 하나만 들라고 한다면, 나는 주저 없이 '경청하는 습관'을 들 것이다."

과연 경청이 무엇일까? 무슨 이유로 세계적인 경영학자와 리더들은 이토록 경청의 중요성을 강조하는 것일까?

경청은 타인의 이야기를 귀 기울여 듣는 것이다. 집중하여 무슨 말을 하는지, 그 말의 뜻이 무엇인지를 듣고 이해하려고 노력하는 태도이다.

경청하면 상대의 말을 잘 알아듣는다는 장점이 있다. 그러나 그보다 더 중요한 것이 있다. 경청은 상대에 대한 존중의 의미를 담고 있다. 말하는 당사자에게 '내가 지금 존중받고 있구나.'라는 감정을 갖게 한다. 그러므로 경청은 관계의 시작이다. 경청을 통해 마음을 움직이고, 신뢰와 소통이 이루어진다.

### 이마고 치료법에서 사용되는 경청

이마고 부부치료법이 있다. 어린 시절의 초기 인식과 경험, 감정 그리고 해결되지 않은 억압들에 대한 방어기제들에 대하여 정서적 통찰력을 갖게 함으로 부부가 서로를 이해하고 상처를 치유하는 방법이다.

부부가 마주 앉아 상담자의 인도에 따라 대화를 진행한다. 다소 형식적일 수 있지만 이마고 부부치료의 대화법에서는 정해진 순서와 규칙을 따라야 한다.

대화의 첫 단계는 반영하기이다.

이것은 mirroring이다. 거울이 반사하듯이 상대의 말을 그대로 다시 말해주는 것이다.

"그러니까, 당신은 ~~~~~ 라는 것이지요?"

"맞아요?"

"더 할 말이 있어요?"

상대가 한 말을 그대로 말해주고 내가 들은 것이 맞는지 물어본다. 그리고는 덧보태거나 더 할 말이 없느냐고 묻는다. 상대가 할 말을 다했다고 할 때까지 지속한다.

여기서 상대의 말에 대해 이의 제기를 할 수 없다. 듣는 사람의 생각을 말할 수도 없다. 그냥 그대로 반복해서 들려주어야 한다.

왜 이런 과정이 필요할까? 우리는 흔히 상대의 말을 들으면서 바로 평가를 시작한다.

"그건 그렇지 않지. 그 일은 이렇게 된 거야. 당신이 잘못 생각하고 있어."

"당신만 억울한가? 나도 할 말 있어."

이런 일이 비일비재하다. 그래서 이마고 부부치료 현장에서는 배우자가 경청하여 반영하는 과정을 중요시 여긴다. 배우자가 비난이나 판단 없이 그대로 말을 들어줬다는 사실 하나만으로도, 마음이 열리고 치유가 일어나기도 한다. 경청은 존중의 마음을 전달하기 때문이다. 단순히 자신이 했던 말을 반복해서 들려주었을 뿐인데 온전히 들어주는 것만으로도 존중이 느껴진다.

우리는 상대의 말을 잘 듣지 않는다. 그대로 듣지 않고 내 생각을 가미해서 듣는다. 거기서부터 감정이 꼬이기 시작한다. 그래서 다정한 대화가 이루어지지 못한다.

반영하기의 다음 단계는 인정하기이다.

"그래, 그럴 수 있어요. 그렇게 생각할 수 있지요."
"당신 입장에서는 그렇게 생각할 수 있다고 이해가 돼요."

꼭 상대의 의견에 동의해야 하는 건 아니다. 동의하지는 않지만 그럴 수 있다고 인정하는 것이다. 이제 흥분한 감정은 내려간다. 서운한 마음도 사라진다.

그러나 경청을 하지 않으면 인정도 할 수 없다. 내 생각을 빼고 있는 그대로의 상대의 말을 들었을 때 인정하기가 된다. 상대의 입장을 이해할 수 있게 된다.

이 두 과정을 거친 후, 마지막으로 공감하기가 이루어진다.

"당신이 당황했겠어요."
"무시당한 느낌이었겠어요."

내 감정을 이입하여 상대의 감정을 알아주는 것이다. 진정한 공감은 상대의 말을 경청한 후에 이루어진다.

부부 관계에서도 쉽게 무너지는 대화의 규칙들이 경청과 인정, 공감이다. 하물며 자녀에게는 어떤가.

경청의 기본자세는 마주보는 것이다. 눈과 눈을 마주보고, 몸을 틀어 마주하고, 무릎을 마주 댄다. 아이가 물어보는 수많은 질문에 아이를 마주보며 대답하기는 참 힘들다. 엄마도 바쁘기 때문이다. 그러나 경청의 효과와 중요성을 안다면 가급적 몸으로 경청해야 한다.

심리학자 메라비안은 그의 저서 '조용한 메시지'에서 밝혔다.

"메시지 전달을 할 때 말은 7%, 음조, 억양 등 목소리가 포함된 유사언어는 38%, 몸짓, 표정, 눈 맞춤 등의 시각적 요소가 55%를 차지한다."

그의 이론에 따르면, 언어적 요소는 단 7% 뿐이다. 비언어적 요소가 93%이다. 결국 경청은 마음이다. 성의를 다해, 진심으로 상대의 말을 들으려는 마음이 있어야 가능하다. 아이에게 집중하고 아이의 말을 들으려는 마음이 필요하다.

부모교육을 하다보면 엄마들이 '구나 대화법'의 문제점을 이야기하곤 한다. '구나 대화법'은 공감하는 말에 '구나'라는 어미를 붙이는 것이다.

"속상하구나."
"억울하겠구나."
"슬프구나."


이렇듯, 아이의 감정을 공감하는 방법을 엄마들은 이미 배워서 잘 알고 있다. 문제는 그 방법대로 했음에도 아이가 전혀 달라지지 않는다는 것이다. 한 엄마는 아이가 "엄마 구나 좀 하지 마세요. 저도 다 알아요."라고 말했다고 한다.

'구나 대화법'이 무익한 것일까?

아니다. 더 중요한 점을 간과했기 때문이다. 마음으로 경청하지 않고 기법으로만 공감했기 때문이다. 진심으로 경청하지 않았기 때문이다.

공감하기 전에 반드시 경청이 필요하다. 몸을 움직여 아이를 향하고 들어주어야 한다. 아이의 말을 그대로 반복해주는 mirroring 기법은 경청의 첫 단계이다.

"놀이터에서 친구랑 더 놀고 싶다는 말이지?"
"학교 숙제가 너무 많아서 하기 힘들다는 거지?"

시간이 너무 늦어서 놀이터에서 놀 수 없다는 말을 하기 전, 학교 숙제가 많으면 좀 더 일찍 시작했어야 된다는 말을 하기 전, 아이의 말을 반복해서 들려준다. 그것만으로도 아이는 이해받았다는 느낌을 받는다.

놀고 싶은데 못 노는 아이의 속상한 마음을 공감해준다. 숙제가 많아서 힘든 아이의 마음을 알아준다. 이러한 과정을 통해 아이는 온전히 사랑받고 존중받고 있다고 느낀다.

해결책과 행동 수정은 그 이후의 과정이다. 모든 대화의 시작은 마음이 담긴 경청에서 시작됨을 잊지 말자. 진심으로 아이의 말을 듣기 시작하면 아이의 마음이 열린다. 대화가 쉬워진다. 행동 수정도 쉬워진다.

# 엄마의 품속에서도 아이가 외로운 이유

지난 크리스마스에 초등학생들에게 받고 싶은 크리스마스 선물이 무엇인지 설문조사를 했다. 많은 수의 학생들이 뜻밖의 대답을 했다.

'부모님과 시간 보내기', '부모님과 재미있게 놀기'.

아이들이 원하는 것은 멋진 장난감도, 맛있는 음식도 아니었다. 부모님과 시간보내기라니, 그건 항상 하는 거 아니던가?

대부분 아이들은 부모들과 많은 시간을 보낸다. 그럼에도 왜 아이들은 부모님과 시간을 보내지 못했다고 생각할까?

물을 앞에 두고도 마시지 못해 갈증에 시달리는 아이러니처럼, 아이들은 부모와 함께 있으면서도 외롭다. 몸은 부모의 품에서 있으면서도 마음을 기댈 곳은 찾지 못한다. 부모와의 정서교류가 일어나지 않았기 때문이다.

"학교 가서 잘하고 와"

"오늘 무슨 일 없었지?"

"학원 잘 갔다 와."

"숙제는 했니?"

"동생하고 싸우지 말고 놀아."

"스마트폰 좀 그만 하고 방에 들어가서 공부해."

"친구는 몇 시에 만나기로 했어?"


정서교류가 일어나지 않은 대화의 대표적인 사례들이다.

아이에게 수많은 말을 했다. 하지만 그 속에 마음은 없다. 아이의 마음도, 엄마의 마음도 없다. 그저 현상만이 있을 뿐이다. 아이와 하루 24시간을 함께 있고, 이런 말을 백 번쯤 해도 아이는 엄마와 시간을 보냈다고 느끼지 않는다. 정서교류가 일어나지 않았기 때문이다. 마음이 빠진 말은 잔소리일 뿐이다.


"학교 가는 기분이 어때? 잘하고 올 수 있겠어?"

"오늘 무슨 일 없었어? 기분 나빴거나 힘들었거나 그런 일 없었어?"

"학원 가면 뭐가 제일 좋아? 친구들 만나서 좋겠네, 잘 다녀와."

"오늘 숙제 많아? 힘들겠네."

"동생이 말을 안 들어? 화났겠네."

"스마트폰 한 번 하면 시간 가는 줄 모르겠더라. 엄마도 어쩌다보면 1시간이 금방 지나더라고, 너도 그렇지 않니?"

"친구 만나는구나? 재미있게 놀고 와. 네가 좋아하는 친구라 그런지 엄마도 걔 좋더라."

이렇게 바꿔서 말해보자. 아이의 마음을 생각해보고, 아이의 마음을 엄마의 마음으로 만나주는 것이다. 아이가 어떤 기분일지, 어떤 생각을 하는지를 읽어주고, 엄마의 마음으로 호응해준다. 그때 정서교류가 일어난다. 아이는 짧은 시간일지라도 부모와 충분한 시간을 보냈다고 생각하게 될 것이다.


남편은 홀어머니의 외아들로 자랐다.

일찍 혼자가 되신 어머니는 하루하루 삶을 연명해 가는 길이 험난했다. 배움도 짧고 가진 재산도 없었기 때문이다. 덕분에 남편은 어머니의 돌봄을 받지 못했다. 당연히 마음이 담긴 말을 들었을 리도 없다.

사촌 형제 중 남편이 유독 좋아하며 따르는 형님이 한 분 있었다. 어느 날 남편이 말했다.

"내가 그 형을 왜 좋아하는 줄 알아? 내 인생에서 너는 꿈이 뭐냐고 물어봐준 유일한 사람이거든."

마음이 아렸다. 외로웠을 남편의 유년기가 그려졌다. 그게 뭘 그렇게 대단한 말이었다고 남편 가슴에 그토록 깊이 남았을까. 마음이 담긴 말이었기 때문이다. 현실의 삶이 고단했던 어머니가 한 번도

해주지 못한 마음의 말을 들었기 때문이다.

남편은 그날 이후 꿈이라는 걸 생각해보게 되었다고 했다. 그 말 한마디에 담긴 형의 마음이 느껴져 지금까지도 좋아한다고 했다. 이렇게 우리의 부모 세대는 자식의 마음을 알지 못했다.

### 마음으로 소통하는 법을 배우자

먹고 사는 문제가 절박했던 나의 부모님에게도 감정은 사치였다. 자식의 감정을 헤아릴 여유가 없었다. 그래서 나도 배우지 못했다. 내 아이의 마음을 알아주고 마음으로 아이를 만나야하는 것을 알지 못했다. 그 결과 아이를 외롭고 우울하게 만들었다.

하나 밖에 없는 아들. 잠시도 내 눈은 아들에게서 떠난 적이 없었다. 관심을 두고 늘 지켜봤다. 하지만 아이는 외로워했고 안정감이 없었다. 자주 밖으로 돌았다. 친구를 찾아 헤매었다.

왜였을까? 이유는 분명했다.

엄마로서 아이의 마음을 읽어주지 못했다. 좋은 돌봄을 했을지언정 좋은 부모는 되지 못했던 것이다.

나를 포함해, 감정을 존중받지 못하고 자란 세대가 부모가 되었다. 좋은 것을 먹이고 잘 돌봐주는 것이 자식 사랑이라고 배웠다. 아이의 감정을 존중해주는 것의 의미를 알지 못했다. 마음을 알아주고 존중해줘야 아이들이 사랑받는다고 느낀다는 것을 익히지 못했다.

그 결과, 아이들은 많은 시간을 함께 보내도 만족하지 않는다. 부모가 자신을 사랑한다는 걸 잘 느끼지 못한다.

나는 상담을 공부하면서 아이의 마음에 대해 배웠다. 아이의 마음에 공감하는 말을 연습했다. 매우 어색했지만 계속했다. 늦었지만 더 늦기 전에 실천했다.

아이가 변하기 시작했다. 혼자 있어도 외로워하지 않았다. 게임이 시시해졌다고 했다. 하고 싶은 일이 생겼다고 했다. 자신의 신변에 일어나는 모든 이야기를 주저하지 않고 털어놓았다. 힘들 때 엄마에게 털어놓고 나면 마음이 편해진다고 했다.

마음과 마음이 오고가는 이야기를 했기 때문이다. 아이의 감정을 틀렸다고 말하지 않았기 때문이다. 있는 그대로의 아이를 받아주었기 때문이다.

마음이 담긴 말을 하자. 그 때 비로소 마음이 담긴 아이와의 진정한 소통이 시작된다.

# 공감, 마음 알아주기에도 3단계가 있다

학교에서 돌아온 아들의 표정이 일그러져 있었다. 가슴이 덜컥 내려앉은 정민씨가 아이 앞에 앉았다.

"왜 그래? 무슨 일 있었어?"

"우리 선생님 나빠요. 애들도 다 뛰어다녔는데 나만 혼냈어요."

"오늘 선생님한테 혼났어?"

아이가 고개를 끄덕이며 훌쩍인다. 사내아이가 그깟 일로 운다는 생각에 정민씨는 짜증이 치밀었다. 꾹 참고 차분한 목소리로 말했다.

"네가 많이 뛰었나보지, 그러니까 왜 뛰어다녔어?"

"아니에요. 많이 안 뛰었단 말이에요."

"선생님이 괜히 혼냈겠어, 잘못했으니까 그렇지. 괜찮아, 앞으로 안 뛰면 되지."

"많이 안 뛰었다니깐."

아이는 소리를 지르고는 벌떡 일어나 방으로 들어가 버렸다.

아이의 반응에 깜짝 놀란 정민씨는 우두커니 거실에 앉아 있었다. 뭐가 잘못 된 것일까? 아이가 선생님한테 혼났다는 사실만으로도 속이 상했다. 그 마음을 누르고 괜찮다고 아이를 위로했다. 그럼에도 아이는 버럭 소리를 지르고 들어가 버렸다.

요즘 들어 정민씨는 아이와 다투는 일이 많아졌다. 정민씨는 아들을 이해하고 도움을 주고 싶었다. 그럴수록 아이는 더 자주 화를 냈다.

"휴, 정말 어려워요. 아이랑 사이가 점점 멀어지는 거 같아요. 저학년 때까지만 해도 아들이랑 친했거든요. 3학년 되면서 대화가 잘 안 되는 걸 느꼈어요. 뭐가 잘못된 걸까요?"

모든 문제를 엄마에게 털어놓는 아들, 아들의 문제를 해결해 주는 엄마. 정민씨는 이러한 멋진 관계를 맺고 싶어 했다.

정민씨에게는 무엇보다 아이의 마음을 알아주는 것이 중요했다. 이를 위해 3단계 방법을 안내했다.

1단계 경청.

경청을 말하자 정민씨는 다 알고 있다는 듯한 반응을 보였다. 대부분의 엄마들이 경청을 잘하고 있다고 생각한다. 아이의 말을 잘 들었고 이해했다고 말한다.

그러나 경청의 핵심은 진심이다. 진심으로 아이의 입장에서 아이의 마음을 느껴보려는 마음이 있는지가 중요하다.

아이가 궁극적으로 말하고 싶어 하는 것이 무엇인지 이해하려는 노력이 있어야 한다. 대부분의 부모들은 아이가 무엇을 느끼는지에 집중하지 않는다. 아이의 행동에 어떻게 반응하고 대처해야 할지를 먼저 생각한다.

정민씨는 아이와 마주 앉아 눈을 바라보며 아이의 이야기를 들었다. 아들의 문제를 이해했고 경청했다고 생각했다.

아이의 생각은 달랐다. 엄마가 자신의 이야기를 들어주지 않는다고 생각했다. 마음이 상했고 자리를 박차고 일어났다.

경청은 대화를 열어가는 문이다. 머리로 듣지 말고 마음으로 들어보자. 내 아이가 무엇을 느낄까, 무엇을 필요로 할까를 생각하며 들어보자.

엄마가 경청하고 있다는 것을 아이가 느껴야 한다. 따라서 엄마의 생각과 말을 앞세우지 말아야 한다. 상황을 추측해서 말하거나 서둘러 조언을 하는 것도 금물이다.

정민씨는 "네가 많이 뛰었나보지.", "선생님이 잘못했으니까 혼냈겠지."라며 아들의 행동을 추측했다. 아이의 말을 경청하지 않은 셈이다.

경청하고 있음을 보이는 방법 중 하나는 따라하기다. 이마고 치료의 거울요법(mirroring)과 같다. 아이의 말을 들은 그대로 되돌려 주는 것이다.

"우리 선생님 나빠요. 애들도 다 뛰어다녔는데 나만 혼냈어요."라고 아들은 말했다.

엄마는 "오늘 선생님한테 혼났어?"라고 되물었다. 거울요법으로 반응해 준 것 같지만 사실 정민씨는 아이가 선생님께 혼났다는 사실에 반응한 것이다. 아들은 혼자만 꾸중을 들어 속상하고 억울한 마음을 말한 것이다. 엄마는 아이가 선생님의 지적을 받았다는 사실만이 걱정스러웠을 뿐이다.

엄마의 생각과 말은 뒤로 미루라. 평가하지 말고 아이의 말을 그대로 따라 해주기만 해도 경청이 된다. "애들이 다 뛰어다녔는데 너만 혼났구나."라고 말해주면 된다. 아이는 엄마가 자신의 말을 들어주고 있다고 생각한다. 한편 엄마는 아이의 말을 따라 하면서 아이의 마음을 느껴볼 수 있다.

### 2단계 욕구와 감정.

정민씨에게 물었다.

"아이의 말을 듣고 정민씨의 마음은 어땠어요?"

"속상했죠. 지난 번에도 선생님한테 혼났다고 했거든요. 선생님한테 찍히면 안 되잖아요. 걱정되기도 하고."

엄마의 마음에 공감해 준 후에 다시 물었다.

"아들의 마음은 어땠을까요?"

"아, 아들은...... 억울했겠죠. 자기만 혼났으니까, 속상하고, 부끄럽기도 했겠네요. 친구들 앞에서 혼나서."

그렇다. 자신의 마음을 들여다 본 엄마는 그제야 아들의 마음에 대해 생각하게 되었다. 그 마음을 알아주지 못한 것도 알게 되었다.

아이는 엄마에게 위로받고 싶었을 것이다. 속상한 일을 겪은 자신을 엄마가 알아주기를 원했을 것이다. 그런데 엄마는 도리어 책임이 아이에게 있다는 듯 말했다. 아이는 말문을 닫아버렸다.

아이가 겪은 상황으로 들어가 보자.

아이에게는 무엇이 필요했을까? 친구들이랑 어울리고 싶었을까? 장난치는 게 너무 재미있어서 흥분했을까?

"~~하고 싶었어?" 라고 아이의 욕구를 알아주는 것이 공감이다.

"그래서 슬펐구나." 라고 감정을 알아주는 것이 공감이다.

엄마들은 대개 아이의 감정보다 문제의 해결에 집중한다. 그럴수록 문제는 해결되지 않는다. 아이는 더 떼를 쓰고, 더 길게 울음을 그치지 않는다. 더 고집을 부리고, 화를 낸다.

감정을 알아주면 의외로 문제는 쉽게 해결된다. 아이는 엄마로부터 기대했던 모든 것을 얻었기 때문이다. 아이와의 대화를 원한다면 반드시 아이가 무엇을 느끼는지에 관심을 가져야 한다.

### 3단계 사실과 감정,

이것은 1단계와 2단계를 합쳐 놓은 것이다.

처음에 아이의 마음을 알아주기 힘들 때는 1단계부터 시작하라. 단순히 앵무새처럼 아이의 말을 따라서 반복해주는 것만으로도 아이는 엄마가 자신에게 관심이 있다고 느낀다. 1단계를 말하면서 2단계 아이의 감정과 욕구가 무엇일까를 생각한다. 때로는 감정을, 때로는 욕구만 알아줘도 된다.

"친구들도 같이 뛰었는데 너만 선생님께 혼나서 속상했겠다. 억울하고."

이렇게 사실과 감정을 말해준다.

"너무 신나서 교실에서 뛰었는데 선생님이 혼내서 속상했겠네."

이것은 욕구와 감정을 알아주는 말이다.

자신의 속마음을 정확히 알아준 엄마의 말을 들으면, 아이는 위로가 된다. 속상했던 마음이 사라진다. 엄마에게 말하기를 잘했다는 생각이 든다.

여기까지 설명하면 꼭 항변하는 엄마들이 있다.

"그렇게 하거든요. 하지만 계속 씩씩거리고 고집 부려요."

진심, 진심, 진심!

경청의 경우처럼 진심이 담긴 공감인지가 중요하다. 배워서 하는 형식적인 공감으로는 안 된다. 아이의 마음을 진심으로 느끼고, 진정으로 알아주는 공감이어야 한다.

물론 한 번의 공감으로 아이의 마음이 풀리지 않을 수도 있다. 엄마가 조언이나 교훈을 말하기 전, 아이의 감정이 풀릴 때까지 마음을 알아주는데 시간을 할애해야 한다. 엄마의 말을 들을 준비가 될 때까지 마음 알아주기를 계속 해야 한다.

마음 알아주기 3단계를 익힌 정민씨는 달라졌다. 3주 후 수업을 마칠 때 그녀는 아들이 수다쟁이가 되었다고 했다.

"내가 하고 싶은 말을 참는 게 힘들었어요. 그러다보니 그동안 내가 아이의 말을 제대로 듣지 않았다는 걸 알겠더라고요. 이제는 아이가 무슨 말을 하면 일단 따라서 한 번 반복해주고, 그 다음에 감정을 알아줘요. 아이가 너무 밝아지고 예전보다 대하기가 편해졌어요."

엄마들은 마음이 바쁘다. 아이들에게 하고 싶은 말이 많다. 가르쳐야 할 것이 너무 많기 때문이다. 그래서 아이들의 마음을 보지 못한다.

말하기 전에 듣자. 올바른 경청을 하자.

마음 알아주기 3단계 기법을 통해 하나씩 연습을 하면, 반드시 아이의 마음이 열린다.

# 마음만 알아줘도,
# 엄마는 편하고 아이는 행복하다

주은씨는 주말에 친구와 아이들을 데리고 공연을 보러갔다.

공연이 끝나고 화장실에 다니러 간 친구를 기다리던 중이었다. 딸 리아가 어딘가에서 조화를 하나 주워왔다. 옆에 있던 친구의 딸이 자기도 가지고 싶다고 했지만 리아는 절대로 나누어줄 생각이 없었다.

"옛날 같았으면 '그거 더러운 거야 갖다 버려' 이렇게 말했을 거예요. 누가 쓰던 건지도 모르는 꾀죄죄한 조화를 아이가 가지고 노는 게 불안하잖아요. 게다가 친구 딸은 뾰로통해져 있고, 리아는 자기가 주웠다고 친구를 약 올리는데, 난감했어요."

그 순간, 주은씨는 부모교육에서 배운 마음 알아주기가 생각났다. 머리로만 알고 있던 마음 알아주기를 실천해보았다.

"이 꽃 너무 예쁘다. 예뻐서 주워 왔구나. 그런데 이게 주인이 있지 않을까? 리아도 물건 잊어버렸을 때 찾으러 가잖아. 이 꽃 주인도 찾으러 올 거 같은데, 네 생각에는 어때?"

리아는 고개를 끄덕이며 그럴 거 같다고 말했다.

"그럼 어떻게 해야 할까?"

"그 자리에 다시 갖다 놓고 올게요."

두 아이는 사이좋게 가서 꽃을 자리에 두고 왔다고 한다.

주은씨는 마음 알아주기의 효과에 대해 깜짝 놀랐다. 문제가 생각보다 쉽게 해결되는 것을 보았기 때문이다. 예전처럼 더러운 거니까 버리라고 했거나 친구에게도 나누어주라고 말했다면, 이렇게 쉽게 해결될 리 없었다.

주은씨의 잘한 부분을 설명해주었다.

첫째, 주은씨는 리아가 그 꽃을 가지고 싶은 마음을 알아주었다. 어른들의 눈에는 꾀죄죄하고 더러운 물건이지만 리아의 눈에는 너무 예쁜 꽃이었음을 알아준 것이다.

둘째, 리아에게 질문을 던졌다. 설명 대신 질문으로 상대방의 입장을 생각해보도록 했다. 역지사지를 가르친 것이다.

셋째, 엄마의 생각을 말하는 것으로 결론짓지 않고 아이의 생각을 물었다. 엄마들은 흔히 "이 꽃 주인도 찾으러 올지 모르니까 그 자리에 두고 오자." 이렇게 결론짓는다. 그러나 "엄마 생각은 이런데 너는 어떻게 생각해?"라고 말하면, 아이는 더욱 기쁘게 자발적으로 엄마가 원하는 답을 말한다.

그 이후 주은씨는 더 많은 성공담을 가져왔다. 아이 마음을 알아주려고 노력했더니 아이가 떼를 쓰거나 고집을 부리는 일이 없어졌다고 했다. 아이는 훨씬 기분이 좋아졌고, 자발적으로 엄마의 요구에 응하게 되었다고 했다.

### 마음을 알아주면 아이들이 협력자가 된다

마음을 알아주는 대화를 하면 육아가 쉬워진다.

엄마가 편해진다. 아이와 기 싸움을 하지 않아도 된다. 아이들이 협조적으로 변하기 때문이다. 자발적으로 기쁘게 엄마의 의견에 동조할 확률이 높아진다.

마음을 이해받은 아이들은 왜 협조적이 되고 자발적이 될까?

마음을 이해받는 것은 존중받는 것이기 때문이다. 엄마가 자신을 괜찮고 멋진 아이로 인정하고 있다면, 아이는 떼를 쓰고 고집부리면 안 된다고 생각한다. 엄마가 인정해주는 수준에 맞는 사람이 되려고 자발적으로 노력한다.

"부모가 감정과 생각을 고려해주지 않는 아이들은 자기들의 생각이 어리석거나 주목받을 가치가 없으며, 자기들은 사랑을 할 수도 사랑을 받을 수도 없는 존재라고 결론짓는다."

'부모와 아이 사이'의 저자 하임 G. 기너트의 말이다. 위와 상대된 부모에 대해서 또 이렇게 덧붙인다.

"부모가 말을 귀담아들어주고, 격한 감정을 무시하지 않고 인정해주면, 아이들은 자기들의 견해와 감정이 평가를 받고 자신들이 존중받는다는 느낌을 받는다. 그렇게 존중받는다는 느낌은 아이들에게 자존감을 높여준다. 자신의 가치를 느끼게 되면, 아이들은 사건과 사람들로 가득한 세상에 좀 더 효과적으로 대처할 수 있게 된다."

인정받는 것만큼 즐거운 일은 없다. 뿌듯하고 기분이 좋아진다.

마음을 이해받은 아이들은 협조적으로 반응한다. 엄마를 존중하는 것이다. 자신이 존중 받았기 때문에 엄마의 의견도 존중한다.

아이가 중학교에 들어갔을 때의 일이다.

주말마다 함께 놀던 친구가 가족여행을 떠났다. 당시 아이는 친구가 많지 않았고, 한국인 친구가 몇 명 있을 뿐이었다.

혼자 보내야 하는 시간이 지루했던지, 아이는 우리도 친구네 가족이 여행 간 그 곳으로 가자고 보채기 시작했다. 물론 멀지는 않은 곳이었다. 온천지역에 있는 리조트로 가본 적이 있었다.

그러나 우리는 갑자기 여행에 나설 입장이 아니었다. 또한 그 집은 가족이 함께 간 것이기에 합류할 수 없다고 설명을 했다. 그러자 이번에는 아이가 새로운 제안을 했다. 다른 친구와 밤새 함께 놀고 싶으니 호텔방을 하루만 잡아달라는 것이었다. 황당하고도 협상의 여지가 없는 말이었다.

"호텔에서 아이들끼리 자는 걸 허락하지 않아. 방을 주지도 않을 걸. 또 엄마는 돈도 없어."

이런 저런 안 되는 이유를 설명했지만 아이는 쉽게 포기하지 않았다. 엄마 이름으로 방을 잡으면 되지 않느냐, 친구와 집이 아닌 다른 곳에서 지내고 싶다는 등 자신만의 이유를 대며 고집을 부렸다.

합리적인 이유로 아이를 설득할 수 없다는 생각이 들었을 때, 마음 알아주기가 떠올랐다.

"우리 아들, 오늘 무척 허전하구나. 마음이 힘들어? 요즘 학교에서 스트레스 많이 받니?"

깜짝 놀랄 만한 상황이 벌어졌다. 막무가내로 고집을 부리던 아이의 표정이 일순간 순한 양이 되었다.

"힘들지, 할 것도 많고......"

뭐가 제일 힘이 드는지, 어떤 과목이 공부하기 제일 어려운지, 어떤 친구와 가장 마음이 잘 맞는지...... 우리는 그날 많은 이야기를 나누었다. 마음을 알아주는 대화를 시작하자 아이는 의외로 마음 속 어려움을 쏟아냈다.

이야기를 마치며 이렇게 말했다.

"호텔방을 잡는 거는 안 되지만, 스트레스 풀 수 있는 다른 방법을 계획해봐. 엄마가 다 지원해줄게. 다음 주말에 친구들하고 영화를 간다면 태워다주고, 저녁도 사주고 그럴게."

"알겠어요, 엄마. 다음 주말에 뭘 할지 생각해볼게요."

기분이 좋아진 아이가 자기 방으로 갔다. 이번 주말 혼자 보내야 하는 허전함과 무료함보다 다음 주말을 계획하는 기대감으로 아이는 즐거워졌을 것이다.

아들은 그 다음 주말에 친구들과 노는 멋진 플랜을 가지고 왔을까? 그렇지 않았다. 아이는 친구들과 보낼 멋진 플랜이 필요 없었다. 그날의 허전하고 쓸쓸했던 감정을 모두 위로받았기 때문이다.

아이의 힘든 마음을 알아주었고, 지지와 지원을 아끼지 않겠다고 말했다. 그것만으로 아이에게 충분한 위로와 보상이 된 셈이었다.

아이의 마음을 알아주는 것만으로 놀라운 결과를 가져온다. 아이와의 소통이 시작되고 신뢰의 관계가 만들어진다. 너를 이해한다는 표시이기 때문에 아이는 존중과 사랑의 느낌을 받는다. 사람은 누구나 존중받고 가치를 인정받으면 더 열심히 하고 싶은 마음이 생긴다.

아이는 기분이 좋아져 엄마에게 협조적으로 반응하게 된다. 아이는 행복해지고, 엄마는 육아가 쉬워진다.

아이의 마음 알아주기가 중요하다는 것은 잘 알고 있다. 그러나 실제로 사용하기는 쉽지 않다. 우리의 일상용어가 아니기 때문이다.

"조심하라니까."(잘못을 지적하는 말)

"친구와 사이좋게 놀아야지."(가르치는 말)

"그 정도 가지고 뭘 아프다고 그래."(무시하는 말)

"넌 그거 밖에 안 되니."(화내는 말)

"너 때문에 늦었잖아."(탓하는 말)

부모들이 무심코 사용하는 말들이다. 이런 말을 들으면, 아이는 부모에게 비협조적으로 행동한다. 짜증내고 반항하고 고집부리는 행동을 하게 된다. 존중받지 못했기 때문이다. 엄마의 푸대접에 걸맞은 행동을 하게 된다.

마음을 알아주는 대화.

어렵고 복잡하게 느껴진다. 어색하고 불편하다. 몇 번 노력해봤지만 효과를 못 느낀다. 그래서 포기하는 엄마들이 많다.

그러나 계속 노력을 하다보면 어느 순간 아이와의 관계가 달라져 있는 것을 보게 될 것이다. 주은씨처럼, 그리고 나의 경험처럼 어느 한 순간 놀라운 효과를 볼 것이다.

엄마는 편해지고 아이는 행복해지는 비법, '마음 알아주기 대화' 속에 있다.

# 엄마의 잔소리 테크닉

상대방의 말이 맞다. 충분히 알겠다. 그런데 받아들이고 싶지는 않다. 머리에서는 인정하는데 가슴에서는 거부한다.

왜일까? 어떤 이유가 있을까?

감정이 상했기 때문이다. 엄마의 조언이 잔소리가 되는 이유도 같다.

엄마들은 아이의 행동을 바꾸기 위해 많은 조언을 한다. 아이에게 좋은 방법을 제시한다. 그런데 아이는 행동을 바꾸지 않는다. 엄마는 더 강하게, 더 자주 조언을 한다. 그럴수록 아이는 아예 귀담아들으려 하지 않는다.

엄마는 아이를 가장 사랑하며 진심으로 걱정해주는 사람이다. 그 엄마의 조언을 아이는 어쩌자고 거절하는 것일까?

엄마의 조언을 거절한다면 아이는 삶의 방향을 잃는다. 난관에 봉착했을 때 부모 대신 다른 누군가를 찾아야 한다. 힘겨운 삶을 살아야 한다.

'아이의 손을 놓지마라'의 저자 고든 뉴펠트는 아이들의 또래지향성을 현대사회의 병폐라고 말했다. 또래지향성이란 또래들이 부모를 대신하여 아이들에게 커다란 영향을 행사하는 현상을 말한다.

고든의 이론은 이러하다.

인간을 비롯한 생명체는 애착을 형성한 대상을 따라가는 본능이 있다. 아이들도 다른 항온 동물의 새끼들처럼 지향 본능을 타고 태어난다. 누군가에게 방향감각을 배워야만 한다. 자석이 자동적으로 북극을 향하는 것처럼, 아이들은 자연스럽게 따뜻함의 근원을 향하는 욕구를 지닌다. 자신을 돌봐주는 부모와 애착을 형성하며 따르는 이유이다.

새끼오리의 각인 현상과 유사하다. 새끼오리는 알에서 부화되어 나오면 즉각 어미오리의 모습을 각인한다. 그런데 어미오리가 없을 경우 새끼오리는 가장 가까이에 있는 움직이는 대상을 따르기 시작한다.

이처럼 부모 역할을 할 어른이 없을 경우, 아이도 가까이 있는 다른 누군가를 향하게 된다. 인간의 뇌는 지향해야 할 대상이 없는 상태, 즉 지향성 결핍을 견딜 수 없기 때문이다.

근래엔 또래 집단이 그 빈자리를 차지하게 되었다. 부모의 자리를 또래가 대신하는 현상이 얼마나 위험한지, 다시 고든의 말을 들어보자.

"아이들은 서로를 방향을 가리키는 나침반 방위로 여김으로써,

지향성 결핍의 불안으로부터 자기 자신을 보호한다. 하지만 이것은 마치 맹인이 맹인을 인도하는 것과 같다."

지금 엄마의 조언이 아이에게 잔소리로만 여겨지고 있지 않은가?

반복해서 설명을 해도 아이가 듣기를 거부한다면, 대화를 점검해야 한다. 아이가 부모 대신 또래의 조언을 구하도록 버려두어서는 안 된다.

### 엄마의 조언이 아이에게 잔소리로 전락하는 이유

부모의 조언이 듣기 싫은 잔소리가 되는 이유는 무엇일까?

그 조언이 아이의 감정을 상하게 만들기 때문이다. 아무리 유익한 조언이라도 감정이 상하면 들리지 않는다. 엄마의 말에 수긍은 한다. 그러나 기분은 나쁘다. 기분이 나쁘니 반발부터 하게 된다.

감정을 다치지 않게 조언하는 방법은, 존중이다. 상대가 나를 존중하고 있다는 느낌이 중요하다. 부모로부터 존중받고 있다고 느끼면 어떠한 조언이라도 감정에 상처를 입지는 않는다.

승희씨는 사춘기에 접어든 중학생 딸 때문에 고민이 많았다.

딸이 친구를 너무 좋아했다. 집에 있는 시간보다 친구들과 지내는 시간이 더 많았다. 공부에도 방해되지만 친구들과 어울려서 혹시 좋지 않은 일이라도 생길까봐 승희씨는 늘 걱정이었다.

딸이 1박 2일 수련회를 다녀왔다. 집에 오자마자 친구를 만난다며 또 나가려는 모습에 승희씨는 화가 치밀었다. 다행히 마음을 가라앉혔다. 따로 시간을 잡아 이야기해야겠다고 생각했다.

그날 잠자리에 들 시간이 되어 딸의 방에 들어갔다.

"엄마가 할 말이 있는데 이야기해도 될까?"

승희씨는 부모교육 시간에 배운 것을 기억하며 정중하게 대화를 요청했다. 딸은 흔쾌히 허락했고 엄마에게 옆에 누우라고 자리까지 비워주었다. 여기까지는 분위기가 매우 좋았다.

"엄마는 네가 친구랑 노는 시간이 너무 많은 거 같아. 수련회 갔다 왔는데 또 나가서 친구 만나고, 그럼 공부는 언제 해? 이제 공부에도 신경 써야 하잖아."

승희씨는 최대한 부드러운 목소리로 말했다. 딸의 호응을 기대했다. 그러나 딸은 버럭 짜증을 냈다.

"수련회 같이 못간 친구 만나러 간 거예요. 또 내가 무슨 친구를 많이 만난다고 그래. 공부는 다 내가 알아서 한다고."

당황한 승희씨는 같이 화를 냈다. 결국 서로 언성을 높이다가 대화가 끝났다.

비단 승희씨만 겪는 일이 아니다. 엄마는 최대한 정중하게 말했는데 아이는 반발한다. 엄마의 정중한 말투에 반발은 못하고 알겠다고 대답하는 아이도 있을 것이다. 그러나 진심으로 받아들이진 않는다. 시큰둥하게 대답하고는 서둘러 자리를 피하려 한다.


조언에도 절차가 있다

아이는 왜 엄마의 조언에 반발하는 것일까?

대부분 엄마의 실수에서 비롯된다. 서둘러 아이의 행동을 고치려는 조급함 때문이다. 조언을 하고 싶을 때는 목소리 뿐 아니라 마음도 정중해야 한다. 아무 때나 조언을 하는 것이 아니라 때를 기다렸다가 정중하게 요청해야 한다.

때를 가리지 않고 하는 조언은 잔소리가 된다. 먼저 아이가 엄마의 말에 집중할 수 있는 시간과 분위기를 고려해야 한다. 기분이 좋아질 수 있는 주제의 이야기를 먼저 나누는 것도 좋다. 긍정적인 감정이 있을 때 어떤 말이든 기분 좋게 받아들여질 확률이 높아지기 때문이다. 그리고는 이렇게 시작한다.

"엄마가 할 말이 있는데 지금 해도 될까?"

엄마의 정중한 태도는 아이의 마음을 부드럽게 한다.

때로는 "아니요, 지금 바빠요."라며 거절 할 수도 있다. 그럴 때는 한 발 물러서야 한다. "그래, 시간 있을 때 말해줘." 라고 말하고는 기다린다. 아이는 머지않아 엄마에게 다시 찾아올 것이다.

엄마가 하고 싶은 말의 내용이 정말 중요한 것일수록, 아이가 감정적으로 민감한 사춘기일수록 충분한 준비 과정이 필요하다. 대화를 허락 받은 후, 엄마는 아이에게 하고 싶었던 말을 하면 된다.

승희씨는 딸에게 자신의 생각을 말했다. 생각은 주로 판단에 근거한다. 엄마의 생각을 딸은 비난으로 받아들였다. 감정이 상했다. 더 이상 엄마의 말이 들리지 않았다.

"엄마는 네가 친구랑 노는 시간이 너무 많은 거 같아. 수련회 갔다 왔는데 또 나가서 친구 만나고, 그럼 공부는 언제 해? 이제 공부에도 신경 써야 하잖아."

목소리는 정중했을지 모르지만 내용은 모두 판단과 지적이다.

대신 이렇게 말하면 어떨까?

"친구와 함께 있으면 재미있지, 계속 놀고 싶고, 엄마도 그랬었어. 그런데 수련회 갔다 와서 또 나가는걸 보니, 엄마가 좀 걱정이 되네. 시간을 너무 많이 쓰는 거 아닌가 하고. 저러다가 성적이 떨어지면 어쩌나 불안해지더라."

행동을 변화시키려면 마음을 움직여야 한다.

엄마는 생각을 말하기 전에 마음을 말해야 한다. 아이의 욕구와 감정을 알아주고("친구와 함께 있으면 재미있지, 계속 놀고 싶고"), 아이를 향한 엄마의 걱정스러운 마음("엄마가 좀 걱정이 되네.")과 불안한 마음("저러다가 성적이 떨어지면 어쩌나 불안해지더라.")을 말한다.

엄마가 마음을 말하면, 아이는 비난받는 느낌을 받지 않는다. 자신을 방어할 필요가 없다. 감정이 상하지도 않는다.

걱정과 불안한 마음을 표현한 뒤 부탁하고픈 내용을 말하면 된다.

"친구 만나는 시간을 좀 줄이면 좋겠어.", "주말에 많이 놀고 주중에는 집에 일찍 들어오면 좋겠다는 생각이 든다."

엄마가 하고 싶은 말은 다 했다. 그러나 여기서 끝을 내면 안 된다. 반드시 덧붙여야 할 말이 있다.

"지금까지 엄마가 한 말에 대해 어떻게 생각해?"라고 아이에게 묻는다.

엄마가 아무리 자신의 걱정스런 마음을 전하고 부탁까지 했다고 해도 아이는 반발할 수 있다. 엄마와 다른 생각을 가질 수 있고, 하고 싶은 말도 있을 것이다. 이때 엄마가 자신의 의견을 묻는다면, 아이는 정당하게 대우받고 있다는 기분이 든다. 엄마가 자신을 진심으로 존중하고 있음을 느끼게 된다.

아이 역시 엄마를 존중하는 마음으로 이야기한다. 엄마의 말에 긍정적으로 반응하게 된다. 자신의 생각을 물어주는 엄마에게 예의를 갖춰 대답한다. 조언이 잔소리가 될 리 없다.

조언을 할 때도 지혜가 필요하다. 충동적인 지적은 관계를 나쁘게 할 뿐이다. 잔소리가 되어 아이들의 귀를 막고 소통의 걸림돌이 된다. 신중하게 절차를 따라 조언을 한다면 오히려 신뢰 관계를 형성할 수 있다.

아이에게 정중히 조언할 기회를 요청하라. 조언할 때는 반드시 엄마의 감정과 욕구를 포함하여 말하라. 가장 중요한 마지막. "지금까지 엄마가 말한 것에 대해 어떻게 생각해?"라고 말하자.

아이들은 어려운 일을 만났을 때마다 엄마를 찾을 것이다. 엄마의 조언이 듣고 싶기 때문에.

# '착하다'는 칭찬이 아니다

"엄마 나 착하지?"

"엄마 나 예뻐? 얼마큼 예뻐?"

6살 예지는 하루에도 몇 번씩 엄마에게 이렇게 묻는다. 놀던 장난 감을 정리하고는 엄마를 쳐다본다.

"엄마 나 잘했지?"

행동 하나하나를 확인받는 듯 엄마에게 묻는다. 예지만 그런 것 이 아니다. 8살 예지의 오빠도 마찬가지다.

"선생님, 우리 아이들이 왜 그런 거예요?"

부모교육 시간, 문정씨가 조심스럽게 물었다.

평소 다른 엄마들의 나눔에 따뜻하게 공감해주던 문정씨였다. 아 이들에게도 소리 지르기보다는 상냥하게 대답해주는 엄마였다. 칭 찬도 자주 해주었다.

엄마의 사랑을 넉넉히 받고 자란 아이들. 왜 매번 엄마의 사랑을 확인하려드는 것일까? 원인은 문정씨의 칭찬에 있었다.

첫째, 문정씨는 잘하는 것에 집중해 아이를 칭찬했다.

결과를 칭찬한 것이다.

우리는 흔히 아이가 제 역할에 충실해 결과가 좋으면 칭찬을 한다. 반대로 실패했을 때 책망한다. 성적이 좋을 때 칭찬하고, 성적이 떨어졌을 때 혼을 낸다. 상을 받아오면 칭찬하고, 실수를 하면 화를 낸다.

아이는 엄마의 사랑을 받으려면 자신이 잘해야 한다는 것을 깨닫는다. 잘 하지 못해서 칭찬받지 못할까봐, 아이는 늘 불안하다.

문정씨는 아이를 자주 칭찬했다. 그러나 잘했을 때만 칭찬했기 때문에 아이는 끊임없이 엄마에게 확인받으려 했다. 자신이 잘하고 있는지, 못하고 있는지를.

잘했을 때 칭찬하는 것은 물론 좋다. 그러나 못했을 때 격려해주는 것도 중요하다. 결과가 의도한 만큼 좋지 않을 때, 가장 속상한 사람은 바로 아이 자신이다. 그런데 엄마에게 책망까지 듣는다면 아이는 좌절하게 된다.

실패했을 때 괜찮다고 말해줘야 한다. 노력한 것을 알아주고, 어제보다 발전한 점에 대해 칭찬해 주어야 한다. 결과는 실망스러워도 과정 중에 즐거웠던 기분을 나눌 수 있어야 한다.

둘째, 인격을 평가하는 칭찬의 말을 많이 사용했다.

예지는 "엄마, 나 착해?"라고 끊임없이 물었다. '착하다, 예쁘다, 잘했다.' 이 세 가지는 우리가 가장 많이 하는 칭찬의 단어들이다.

'착하다'는 인격에 관한 평가이다. 어느 날 먹고 싶은 아이스크림을 동생에게 양보했더니 엄마가 착하다고 말한다.

칭찬의 말을 들은 아이는 불안해진다. 나도 아이스크림이 먹고 싶은데, 나는 사실 착한 아이가 아닌데 엄마가 착하다고 한다. 마음속으로 슬그머니 죄책감이 느껴진다. 오히려 자신이 나쁜 아이라는 생각마저 든다.

아이가 길에서 주운 돈을 경찰서에 가져다준다. 엄마가 칭찬한다.

"우리 아들 참 정직하구나."

아이는 갑자기 어제 학원에서 친구의 딱지 한 장을 주머니에 넣은 것이 떠오른다. 나는 정직하지 않은데 하는 생각이 들면서 오히려 죄책감이 든다.

'착하다', '정직하다' 등의 인격적 특징은 칭찬의 말로 적합하지 않다. 이런 평가를 받는 것은 부담스럽기 때문이다. 차라리 "오늘 착한 행동을 했구나." "오늘 정직하게 행동했구나."라고 말하는 것이 좋다.

'착하다'는 말은 엄마들의 입에서 가장 쉽게 나오는 칭찬이다. 형제끼리 사이좋게 지낼 때, 예의 바를 때, 겸손할 때, 부모의 지시에 잘 따를 때, 엄마들은 착하다고 말한다.

### 인격을 칭찬하면 '가짜 나'를 발달시킨다

그러나 '착하다'는 칭찬에는 함정이 있다. 아이들은 칭찬을 받기 위해 부모의 기대에 자신을 맞춘다.

"아이는 부모의 바람에 적응하기 위해 '진짜 나'를 숨기고 '가짜 나'를 만들어간다."고 머레이 보웬은 말했다.

로리 애쉬너는 또 이렇게 말했다.

"우리는 자신의 진정한 자아를 부모가 받아들일 만한 거짓 자아로 대체한다. 그들의 사랑과 인정을 절실히 필요로 하기 때문이다. 본질적으로 자신의 실제 모습을 타협하고 부모가 바라는 모습이 되어간다."

그렇다. 아이는 착한 아이가 되기 위해 주변 환경과 어른들의 요구에 자신을 맞추어간다. '진짜 나'가 하고 싶은 말, 가지고 싶은 욕구를 억누른다. 자신의 감정을 참고 착한 아이가 되려고 한다.

착한 것이 나쁜 것이 아니다. 단 '가짜 나'로 만들어진 착한 아이는 타인의 시선으로 자신의 삶을 살아가게 된다. 이 점이 문제이다. 자신의 욕구를 인정하고 표현하지 못한다. 부탁을 거절하지 못하고 상처를 받게 된다. 갈등을 회피한다. 경쟁관계에서 소극적인 태도를 보인다.

착한 아이로 길들여진 삶은 건강하지 못하다. 남을 배려하고 자신의 감정을 돌보지 못하기 때문에 지치고 우울해진다.

이처럼 인격을 규정하는 칭찬은 아이에게 '가짜 나'를 발달시키는 원인이 될 수 있다. 착한 행동을 칭찬하는 것은 좋다. 그러나 착한 아이가 되라고 강요하는 것은 나쁘다. 진짜 나를 버리고 착한 아이라는 가짜의 탈을 쓰고 살아가는 것이기 때문이다.

아이가 '진짜 나'로 성장한다는 것은 무엇일까? 자기 목소리와 생각을 존중하며, 자율적이고 독립적으로 살아가는 것이다.

착한 아이가 되라고 강요하지 말자.

아이의 감정과 생각을 있는 그대로 인정하자.

'진짜 나'로 당당하게 성장하도록 하는 것이 부모의 역할이다.


### 약이 되는 좋은 칭찬이란

좋은 칭찬은 결과보다 과정을 칭찬하는 것이다.

결과를 칭찬하면 아이들은 과정을 즐기지 못한다. 좋은 결과를 내기 위해 옳지 않은 수단을 동원하기도 한다. 세상을 경쟁의 대상으로 여긴다. 경쟁에서 이겨서 좋은 결과를 내야 칭찬을 받기 때문이다. 또한 칭찬을 듣기 위해 성공에 매달린다. 실패했을 때는 자신의 가치를 의심한다.

이런 칭찬을 듣고 자란 아이들은 다른 사람의 평가에 지나치게 집착하게 된다. 다른 사람을 기쁘게 하고 인정을 받을 때, 비로소 자신의 가치를 느낄 수 있다. 그래서 예지와 예지의 오빠가 엄마에게 끊임없이 자신의 행동을 확인받고 싶어 했던 것이다.

결과와 상관없이 과정을 칭찬을 해야 한다. 노력한 점, 발전하고 있는 점을 칭찬해 주어야 한다.

"재미있게 만들고 있구나."

"힘들어도 열심히 하는 모습이 보기 좋다."

"어제보다 훨씬 더 좋아졌는걸."

"장난감을 예쁘게 정리했구나."

이러한 말들이 아이 자신을 기쁘게 하는 칭찬이다. 엄마를 기쁘게 하는 삶이 아닌, 스스로 만족하는 삶을 살도록 가르치는 것이다.

칭찬은 아이에게 힘을 준다. 아이를 춤추게 한다.

그러나 잘못된 칭찬은 독이 될 수 있다. 약이 되는 좋은 칭찬 배워서 아이를 살맛나게 하자.

# 질문은 사랑이다

옛날 어느 나라에 공주가 살고 있었다. 공주는 왕과 왕비의 사랑을 듬뿍 받으며 아름답고 건강하게 잘 자라고 있었다.

어느 날 공주는 하늘 높이 금빛을 내며 떠 있는 달을 보게 되었다. 갑자기 그 달이 갖고 싶어졌다. 공주는 부모님께 달을 가져다 달라고 보채기 시작했다. 왕과 왕비는 공주에게 달은 따올 수 없는 것이라고 열심히 타일렀지만 소용없었다. 오히려 달을 손에 쥘 때까지 아무것도 먹지 않겠다고 고집을 부렸다.

왕은 유명하다는 학자와 의원들을 불러 이 문제를 해결하라고 명령했다. 학자와 의원들은 하나같이 달은 따올 수 없는 것임을 공주에게 설명했다.

"공주님, 달은 너무 멀리 있어서 가까이 갈수 없습니다."

"공주님, 달은 너무 커서 설령 가까이 갔다 하더라도 따올 수는 없습니다."

"제발 더 이상 달 생각은 마십시오."

그러나 공주는 자신의 뜻을 굽히지 않았다. 아무도 공주를 설득시키지 못하고 있을 때 공주와 친하게 지내던 광대가 나섰다. 광대는 공주에게 물었다.

"공주님 달은 어떻게 생겼나요?"

공주는 대답했다.

"동그랗게 생겼지."

"그러면 달은 얼마나 큰가요?"

"바보, 그것도 몰라? 달은 내 손톱만 하지, 달이 떴을 때 보면 손톱으로 딱 가려지거든..."

"그럼 달은 어떤 색인가요?"

"달은 황금빛이 나지."

"알겠어요. 공주님, 제가 가서 달을 따 가지고 올 테니 조금만 기다리세요."

공주의 방을 나온 광대는 손톱 크기만 한 동그란 황금구슬을 만들어 공주에게 가져다주었다. 공주는 뛸 듯이 기뻐하였다.

기뻐하는 공주를 보며 광대는 슬그머니 걱정이 되었다. 달을 따왔는데 하늘에 달이 뜨면 공주가 뭐라고 할지 걱정이 된 것이다.

광대는 또 공주에게 물어보았다.

"공주님, 달을 따왔는데, 오늘밤 또 달이 뜨면 어떻게 하지요?"

"이런 바보, 그걸 왜 걱정해? 이를 빼면 새 이가 또 나오지? 달도 이빨처럼 또 나오게 되어 있어. 그리고 달이 어디 하나만 있니? 달은 호수에도 떠 있고, 물 컵에도 떠 있잖아. 세상 천지에 가득 차 있으니까 하나쯤 떼어온다고 괜찮을 거야."

'달과 공주'라는 제목의 동화이다.

공주의 요구를 해결하기 위해 학자와 의원들은 어떻게 했나? 자기들이 이해한 대로 문제를 해결하려고 했다. 어른들의 상식에서 황당하고 불가능한 요구였다. 그래서 공주를 설득하고 포기를 강요할 수밖에 없었다.

광대는 달랐다. 공주가 요구하는 것이 무엇인지를 물었다. 답은 공주의 생각 속에 있었다.

아이들의 생각을 물어보면, 의외로 답을 쉽게 찾을 수 있다. 그러나 많은 부모들이 그렇게 하지 않는다. 대부분 학자와 의원들처럼 한다. 어른의 방법으로 해결해주려고 한다. 아이의 생각을 물어보지도 않고 추측하고 판단하고 결정을 내린다.

### 아이들의 생각 속에 답이 있다

"저는 또 실수했어요. 유치원에서 돌아온 아이 가방에 못 보던 인형이 들어있는 거여요. 지난번에도 그런 적이 있었거든요. 그래서 저도 모르게 너 또 유치원에서 이거 가져왔지 그러면서 소리를 질러버렸어요."

수아씨가 실패담을 나누었다.

겁에 질린 아이가 울음을 터뜨리며 말했다.

"아니야, 이거 선생님이 빌려준 거야. 내일 가져오라고 했어."

"선생님한테 물어볼까?"

아이가 고개를 끄덕이며 눈물을 훔치는 걸 보고, 수아씨는 자신이 실수했다는 것을 깨달았다. 아이의 행동을 추측하고 단정해버린 것이다.

부모교육을 하면서 질문의 중요성에 대해 많이 강조한다. 질문은 아이의 상상력과 사고력을 키우는 훌륭한 방법이다. 질문을 받으면 뇌가 움직이기 시작한다. 답을 찾기 위해 뇌가 활성화된다.

1944년 노벨물리학상을 수상한 미국의 물리학자 아이작 라비는 수상소감에서 이렇게 말했다.

"내가 물리학자로 성공한 이유는 학교에서 돌아올 때마다 현관 앞에 나와 '아이작, 오늘은 학교에서 무슨 유익한 질문을 했니?'라고 물었던 어머니 덕분이었죠."

질문은 사고력과 창의력의 문을 열어주는 열쇠이다.

그러나 아이에게 질문을 해야 하는 더 중요한 이유가 있다. 질문을 해야 비로소 아이의 생각과 마음을 알게 된다. 섣부른 추측으로 아이를 오해하는 일을 막을 수 있다.

### 질문하면 아이를 이해하게 된다

질문의 중요성. 부모교육에 참가한 엄마들은 그 정도쯤은 잘 알고 있다고 반응한다.

나는 질문의 방법을 가르쳐 준 후 숙제를 내준다. 막상 숙제를 해본 엄마들의 반응은 달라진다. 자신이 그동안 얼마나 일방적이었는지를 고백한다. 아이가 그렇게 많은 생각을 하고 있는지 처음 알았다고 말한다.

"저는 지난 주 수업을 받으면서 계속 마음속으로 통곡했어요. 그동안 아이와의 관계에서 막혀 있었던 것이 무엇이었는지 알게 되었거든요. 일방적이던 저의 모습이 떠올라서 슬프기도 했고, 뒤늦게나마 알게 돼 감사하기도 했어요."

영주씨는 지난 주 부모교육 수업을 마치고 집으로 돌아갔다. 고등학생 아들이 책상에 앉아 수학 문제를 풀고 있었다. 질문 숙제가 떠올라 실천해보았다.

"공부하는구나, 무슨 공부해?"

"수학 문제 풀어요."

단순 질문이었다. 예전 같으면 거기서 끝났을 것이었다. 영주씨는 배운 대로 질문을 이어갔다.

"수학 문제, 어때?"

"재미있어요."

"수학 문제 푸는 게 재미있어?"

"네, 멋있잖아요."

"수학 잘하는 게 멋있어 보이는구나."

질문을 계속하자 아들은 기분이 좋은지 많은 이야기를 했다고 한다.

"그때 아들의 눈에서 어릴 적 호기심으로 가득했던 그 눈빛을 보앉어요."

영주씨는 눈물을 글썽이며 감동에 찬 목소리로 말했다. 그간 마음고생이 어떠한지 짐작할 만했다.

아이에게 틀에 박힌 공부 대신 자유롭고 창의적인 사고를 길러주고 싶어 홈스쿨링을 하고 있다고 했다. 그러나 시간이 지날수록 아이는 점점 말수도 적어졌고, 의욕도 잃어갔다. 무엇이 문제일까 고민했지만 답을 알 수 없었다.

수업을 들으며 실마리를 찾았다고 했다. 자신의 일방적이고 강압적인 말과 태도가 원인이었음을 알게 된 것이다.

영주씨는 엄격한 사업가 아버지 밑에서 성장했다. 모든 결정을 아버지가 내렸고 가족들은 따라야했다.

"한 번도 아이의 생각을 물어본 적이 없는 거 같아요."

아버지처럼 아이를 대해 왔던 영주씨. 질문을 통해 아이가 살아나는 것을 보았다. 설렘과 의욕이 가득한 눈빛을 본 것이다. 미래에 대한 아이의 생각을 알 수 있었다. 아이가 그렇게 많은 생각을 하고 있는지도 처음 알았다고 했다.

질문하지 않으면 우리는 아이들이 어떤 생각을 하고 있는지 알지 못한다. 추측할 뿐이다. 막상 질문을 하고 들어보면, 아이들의 생각은 우리의 추측을 부끄럽게 한다. 아이가 그렇게 많은 생각을 가지고 있는지 대부분 깜짝 놀란다.

생각과 마음을 듣고 나면 아이를 이해할 수 있다. 소통이 시작되는 셈이다.

질문은 아이에 대한 관심이고 존중이다. 아이가 그것을 느낀다. 엄마의 관심과 존중은 사랑이라는 느낌으로 아이에게 간다. 아이는 자신감이 생기고 자존감이 높아진다.

부모에게 존중받는 것만큼 아이를 기쁘고 행복하게 만들 일이 있을까? 아이의 눈에서 신나고 행복한 에너지를 느끼고 싶다면, 질문하라.

# 아이를 성장시키는 의미질문

질문은 뇌를 깨어나게 한다.

질문을 던지면 뇌는 생각을 하게 되고 답을 찾기 위해 활동을 시작한다. 그러나 어떤 질문을 하느냐가 중요하다. 정답을 말해야 하는 단순질문은 두뇌활동에 도움이 안 된다. 소통에도 도움이 안 되고 오히려 상대에게 부담만 준다.

부모교육을 하면서 여러 가지 질문법을 설명한다. 내가 가장 강조하며 실습시키는 질문법이 있다. 바로 '의미질문법'이다.

의미질문은 학문적 용어는 아니다. 모든 상황에서 자신에게 어떤 의미와 가치가 있는지 생각해 보도록 하는 질문법으로 필자가 만들어낸 용어이다.

내가 이 질문법의 중요성을 인식하는데 도움을 준 이론이 있다. 사이먼 사이넥이라는 사람의 골든서클 이론이다.

사이먼 사이넥은 그의 책 "왜 이 일을 하는가?"에서 성공하는 기업의 비밀을 골든서클이라는 원리로 설명했다.

골든서클이란 Why, How, What에 대한 설명이다. 대부분의 기업이 What에 집중해서 물건을 판다. 기업은 물건을 팔기 위해 '영업'이나 '마케팅'을 한다. 새로 나온 신제품이 얼마나 혁신적인지 설명하여 고객의 마음을 사로잡으려고 한다. 이러한 방법론은 How나 What에 해당한다.

그러나 성공하는 기업은 Why에서 출발한다는 것이다. 성공한 기업은 제품의 기능을 설명하지 않고 가치를 내세운다. 기꺼이 무언가를 하고 싶게 만들고 다른 이들을 열정적으로 동참시킨다.

애플은 자신들이 만든 컴퓨터가 얼마나 멋진 디자인을 가지고 있는지, 사용하기에 편리한지를 말하지 않는다. 무엇을(What), 어떻게(How) 하고 있는지를 내세우지 않는 것이다. 그 대신 이렇게 말한다.

"애플이 하는 모든 것은 현실에 대한 도전입니다. '다르게 생각하라'라는 가치를 믿습니다. 현실에 도전하는 방법으로 우리는 유려한 디자인, 단순한 사용법, 사용자 친화적 제품을 만듭니다. 그래서 훌륭한 컴퓨터가 탄생했습니다."

고객은 애플의 컴퓨터를 사는 것이 아니라 애플의 신념을 산다. 애플의 휴대폰을 사는 것이 아니라 그들이 표방하는 가치를 사는 것이다. 애플을 사용하는 사람은 자신이 '다르게 생각하는' 사람임을 표시하는 것이다. 기업이 기술력보다 가치와 신념에 주목할 때 고객의 마음을 살 수 있다고, 사이먼은 말한다.

단지 기업에만 적용되는 이론일까? 인간의 심리에도 마찬가지이다. 목표가 선명할 때 힘든 역경도 이겨낸다. 마음의 감동을 받아야 행동이 변화된다.

사이먼의 골든서클 이론은 나 자신에게도 도전이 되었다. 나도 모르는 사이, 무엇을 어떻게 할 것인가에 집중하여 흘러가던 내 인생에 Why의 질문을 던지는 계기가 되었다.

우리는 쉽게 무엇을(what)과 어떻게(how)에 집중하는 삶을 산다. 빠르게 굴러가는 바퀴에 매달린 지푸라기처럼 어디로 가는지도 모르고 매달려간다.

아이들에게도 그런 삶을 요구한다. 아이에게 가장 많이 하는 질문은 대부분 '무엇을' '어떻게' 했느냐에 관한 것이다.

"학원은 다녀왔니?"
"숙제는 다 했어?"
"친구와 사이좋게 놀았어?"

왜 학원에 가야하는지, 숙제를 왜 시간 안에 마쳐야 하는지에 관해 묻지 않는다. 친구와는 왜 사이좋게 놀아야 하는지, 그 모든 것에 대한 의미와 가치에 대해서 대화하지 않는다.

What은 목표, How는 방법에 대한 질문이다. 그러나 Why는 의미와 가치에 대한 질문이다.

우리는 자녀에게 좋은 대학에 가는 게 어떤 의미인지 묻지 않는다. 어떤 대학에 들어가는 게 목표인지, 그 대학에 가려면 어떻게 공부해야 하는지만 말한다.

의미와 가치에 대해 생각해보지 않은 아이들은 자발적으로 행동하지 않는다. 대학이 자신의 삶에 어떤 의미가 있는지 생각해본다면, 아이는 강요하지 않아도 알아서 공부하게 될 것이다.


방법을 묻지 말고 의미와 가치를 물어라

의미 질문법에 대해 배운 그날, 진영씨는 아이에게 사용할 기회를 엿보고 있었다. 일본에서 할머니가 오셔서 모두 공항에 가야 한다고, 남편이 저녁 식사 시간에 말했다. 초등학교 3학년인 딸 지아가 황급히 말했다.

"안돼, 우리 워십팀 그날 결승전 있는 날이에요."

교회 워십팀에서 그동안 연습해 온 찬양제 본선이 있는 날이라고 했다. 난감했다. 예전 같으면 할머니가 일본에서 오시니 온 가족이 다 함께 가야 한다고 잘라 말했을 터였다.

진영씨는 배운 대로 아이에게 의미 질문을 던졌다.

"지아야, 워십이 좋아? 왜 좋아?"

"하나님을 기쁘게 하잖아요. 워십을 하면 하나님이 좋아하실 거예요."

아이의 마음속에 하나님을 향한 마음이 그렇게 크게 자리하고 있는지 처음 알았다. 그동안 단순히 재미있어서 좋아하는 거라고 생각했다. 그쯤이면 공항에 가야 한다고  설득하려들었을 것이다. 막상 아이의 말을 듣고 나니 생각이 달라졌다. 찬양제가 아이에게는 간절히 참여하고 싶은 의미 있는 행사라는 생각이 들었다.

진영씨는 이후 찬양제에서 워십을 잘하려면 어떻게 해야 하는지, what과 how에 대한 이야기를 나누었다. 그리고 부부는 함께 공항에 가려던 계획을 변경했다. 아빠가 혼자 공항에 가고, 지아와 엄마는 찬양제에 참여하는 것으로 결론을 내렸다.

"아이에게 의미질문을 하지 않았으면 큰 실수를 할 뻔했어요. 아이 의견은 무시되었을 거고 무척 상처를 받았겠죠."

의미질문을 통해 엄마는 아이를 이해하게 된다. 의미질문을 통해 아이는 자신의 생각을 확장시키게 된다. 엄마의 질문에 답하면서 자신의 생각을 확인하고 더 넓혀간다. 아이는 생각이 깊어지고, 능동적으로 자신이 한 말을 행동으로 옮긴다. 어려서부터 이런 경험을 계속한 아이는 성숙한 행동을 보인다.

우리는 매일 아이들에게 묻는다. 질문을 던진다. 그러나 의미질문보다는 단순질문이 더 많다. 방법에 관한 질문이 더 많다. 아이가 자신에 대해 생각해 볼 수 있는 질문을 던져야 한다.

'나는 누구지?'
'내 생각은 뭐지?'
'나는 왜 이걸 원하지?'
'나는 왜 이걸 하고 싶지 않지?'

모든 상황에서 자신에게 어떤 의미와 가치가 있는지 생각해 보도록 하는 질문, 바로 의미질문이 필요하다. 의미질문을 통해 아이는 신념과 목표를 만들어가게 될 것이다. 신념과 목표가 있는 아이는 그것을 어떻게 이루어 갈지를 안다.

의미질문은 아이를 성장시킨다. 의미질문을 연습하라.

# 칭찬보다 소중한 격려

늦은 나이에 영어로 공부하면서 애로 사항이 많았다.

그 중 가장 어려운 것은 듣기였다. 수업 중 교수님의 강의는 비교적 듣기 쉬웠다. 교수님들은 대개 문법에 맞는 표준 영어를 사용했다. 또 잘 들리지 않는 용어는 교재에 있으니 추측을 하며 수업을 따라가기에 어려움이 없었다.

문제는 학생들의 말이다. 문법을 따르지 않는 대화체를 알아듣기가 어려웠다. 수업 중 질문도 그 어려움 중 하나였다.

미국 수업 시간에 학생들은 질문을 많이 한다. 나는 수많은 질문을 던지는 학생들을 보며 감탄했다. 그들이 참 똑똑해 보였다. 학생들의 질문에 교수들이 한결같이 'Good question!' 이라고 했기 때문이다.

시간이 흘러 영어 실력이 조금씩 나아졌다. 학생들의 질문이 들리기 시작했다. 알고 보니 아이들의 질문은 참으로 사소한 것들이었다. 우리나라에서 그런 질문을 했다면 비난과 눈총을 받았을 것이다. 책을 읽어보면 알 수 있을 간단한 질문이거나, 개인사와 관련된 문제일 때도 있었다. 수업시간을 낭비하는 가치 없는 질문들도 많았다.

학생의 질문에는 짜증이 났고, 대답하는 교수에게는 감탄을 하게 되었다. 교수들은 모든 질문에 성실히 답했다. 게다가 답을 말하기 전에 꼭 'Good question!'이라고 칭찬을 했다.

교수에게 '좋은 질문이야!'라는 말을 들은 학생들의 기분은 어떨까? 친구들이 있는 자리에서 '아주 좋은 질문을 했다'라는 말을 들었으니 자신이 자랑스럽게 느껴질 것이다. 공부에 더 흥미가 생길 것이고, 다음번에 또 질문하고 싶은 생각이 들 것이다.

반면 '그것도 몰라서 질문을 하나?'라는 말을 들었다면 어떨까? 수치심을 느낄 것이고, 공부에 대한 흥미가 떨어지겠고, 다시는 질문하지 말아야겠다는 생각을 하게 될 것이다.


### 격려는 용기를 주는 말

격려는 영어로 'encouragement'이다. courage는 '노력하려고 하는 의지(a willingness to make an effort)'라는 의미다.

격려는 무엇인가를 시도할 의지가 생기도록 한다. 반면 좌절(discouragement)은 이러한 의지가 없어지도록 만드는 것이다. 즉 격려는 용기를 주는 말이고, 미래를 향한 도전 의지를 높이는 것이다.

교수들의 'Good question!'"이라는 말을 들은 학생은 더 좋은 질문을 하려는 의지가 생긴다. 공부도 더 열심히 하고 싶어질 것이다. 이처럼 뭔가를 하려고 하는 의지를 심어줄 수 있는 것이 격려다.

격려는 보상이 아니다. 격려는 선물이다.

잘하는 사람만이 쟁취하는 것이 아니다. 모두가 가질 수 있다. 격려는 경쟁과 비교를 통해 얻어지는 것이 아닌, 노력과 발전에 주어진다. 언제든지 줄 수 있다. 심지어 아이가 갈등하고 실패했을 상황에서도 격려할 수 있다.

격려의 말을 하는 네 가지 방법을 소개해 보겠다.

첫째, 아이가 어떻게 도움을 주었는지에 초점을 맞춘다.


"마켓에서 잘 기다리고 참아줘서 고마워."

"친구들을 엄마에게 소개해줘서 고마워."

"동생하고 잘 놀아줘서 엄마가 설거지를 마쳤어. 고마워."

"고마워, 엄마에게 도움이 많이 되었어."

"너의 도움이 필요해."


고맙다는 말은 상대방을 존중하는 것이다. 내가 너에게 도움을 받았다는 의미가 담겨 있다. 도움을 주는 사람은 자신의 가치를 느낀다. 내가 꽤 괜찮은 사람이라는 생각이 든다. 자신을 신뢰하게 된다. 계속 누군가를 배려하며 도움을 주고 싶은 생각이 든다. 좋은 행동을 하고 싶은 의지를 갖게 한다.

'너 때문에 도움을 받았다'는 말이 아이에게 소중한 격려다. 장차 더 좋은 행동을 하는 동력이 된다.

둘째, 아이가 어떻게 느끼는지에 초점을 맞춘다.

"네가 이름을 쓸 수 있다는 게 놀랍지 않니?"
"그런 일을 했다는 것에 대해 자랑스럽게 느끼는구나."
"너는 그걸 좋아하는 것 같네."
"너는 그것에 대해 어떻게 느끼니?"

엄마들은 흔히 아이의 감정보다 자신의 시각으로 아이를 칭찬한다.

"우리 아들 너무 잘했어, 자랑스러워."

아이의 행동이 엄마를 기쁘게 한 것이다. 아이는 자신의 기쁨을 엄마에게 빼앗겼다. 엄마를 기쁘게 했다는 즐거움은 있지만 자기 만족감은 없다.

아이는 이루어낸 성과를 자신의 감정으로 느껴야 한다. 그래야 그 기쁨을 맛보기 위해 또 하고 싶고, 더 잘하고 싶어지는 것이다.

"너도 네가 자랑스럽게 느껴지지 않니?"

이렇게 격려해준다면, 아이는 스스로를 자랑스럽게 여긴다. 앞으로 더욱 노력하게 될 것이다. 자발적으로 더 열심히 공부하고 자신의 기쁨을 찾아나가고 싶어지도록 만든다.

셋째, 실수와 실패의 상황에 괜찮다고 말한다.

"괜찮아, 너는 최선을 다했어."

"오늘 떨리는 마음을 참고 무대에 섰잖아. 그게 더 중요한 거야."

"네가 얼마나 힘들게 준비했는지 엄마는 잘 알아."

"수고했어. 많이 힘들었지?"

부모가 해주는 '괜찮다'는 말은 자녀에게 큰 위로가 된다. 실수와 실패한 아이들에게 두려운 것은 무엇일까? 실패 그 자체보다 비난의 말이다. 비난을 듣는 아이는 실수하고 실패한 자신이 원망스럽다. 수치스럽고 무가치하게 여겨진다.

실수할 때마다 비난을 듣게 되면, 아이는 두려움 때문에 도전 자체를 포기한다. 시도했다가 실패하면 비난을 들을 것이 분명하기에 차라리 처음부터 시작을 하지 않는 것이다.

부모가 '괜찮다'고 말할 때, 아이는 비로소 안도한다. 실수해도 괜찮은 것이라고 여기게 된다. 실수하고 실패했다고 해도 열심히 노력한 과정을 부모가 알아줄 때, 아이는 새로운 일에 도전하고 싶어질 것이다.

넷째, 자녀를 믿어주는 것이다.

"나는 네가 잘 판단하리라 믿어."

"힘들겠다. 그렇지만 엄마는 네가 해낼 거라고 믿어."

"점점 좋아지고 있구나. 너는 할 수 있어."

"많이 진행되었네. 잘 되어 가고 있구나."

부모의 신뢰와 지지는 자녀에게 가장 든든한 힘이다. 잘할 수 있다고 믿어주는 사람이 있다면, 아이는 뭔가를 하고자 하는 의지가 생긴다. 아이의 판단을 믿어주고 존중할 때, 조금씩 단계를 밟아 잘해나가고 있다는 것을 말해줄 때, 아이들은 스스로를 믿게 될 것이다. 할 수 있다는 의지와 용기를 갖는다.

격려는 모든 사람에게 필요하다. 성장하는 아이들에게는 더욱 그렇다. 부모의 격려는 꼭 필요한 자양분이다.

아직은 미숙하고 실수투성이인 아이들이다. 그럴 때 부모의 말한 마디는 아이들의 미래를 결정한다. 도전하고 싶은 의지를 갖게 하기도 하고, 좌절감으로 포기하게 만들기도 한다.

특히 격려는 실망하고 자신감을 잃은 아이들에게 절대적으로 필요하다. 좌절하고 무기력감에 빠진 아이들을 일으켜 세우는 비결은 격려 뿐이다.

걷는 방법을 아무리 잘 가르쳐주어도 일어나 걸을 힘이 없다면, 무슨 의미가 있으랴. 격려를 통해 먼저 다리에 힘을 길러야 한다.

지금 내 아이가 자신감을 잃고 수동적인 모습으로 앉아 있다면 격려부터 시작하자. 격려를 통해 마음의 근육을 만든 후에 방법을 가르치자.

# 말 잘하는 아이에겐
# 재미있게 들어주는 엄마가 있다


미국에서 공부하던 시절, 옆집에 한국인 부부가 살고 있었다.

남편은 한국말이 서툰 한국인 2세였고, 아내는 한국에서 대학을 마치고 미국으로 간 경우였다. 두 사람은 문화적 차이로 인한 갈등을 겪고 있었기에 아내 다정씨는 종종 나를 찾아왔다. 상담 겸 교제의 시간을 갖곤 했다.

다정씨는 미국 의류 디자인 업체에서 꽤 높은 직책을 맡고 있었다. 인사권을 갖고 있던 다정씨는 조금씩 한국인 채용 비율을 높여갔다. 정서적으로 한국 사람이 소통하기 편하기 때문이었다. 물론 애로사항도 있었다. 시키는 일은 잘 하는데 자기의견이 없어서 디자인을 채택할 수가 없다는 것이었다.

"디자인 일러스트 솜씨는 기가 막혀요. 대학을 갓 졸업한 학생들도 일러스트는 너무 잘 그려요. 그런데 막상 그 작품을 소개하는 걸

들어보면 맥이 빠지죠."

　반면 미국인 직원들은 달랐다. 그들의 디자인은 허술했다. 이제 막 배우는 학생처럼 미숙했다. 그러나 막상 그 작품에 대한 프리젠테이션을 시작하면 달라졌다. 작품에 담긴 의미와 가치, 마케팅 전략까지 듣고 나면 생각이 바뀐다고 했다. 볼품없는 디자인이 멋져 보이고, 결국 그런 디자인이 채택될 수밖에 없다는 것이다.

　'구슬이 서 말이라도 꿰어야 보배'라는 속담.

　아름다운 구슬도 목걸이나 귀걸이로 만들어질 때 진정한 보석이 된다는 의미다.　훌륭한 지식이 있어도 표현하지 못하면 소용없다. 상상력이 좋아도 현실적인 상품으로 만들어지지 못하면 쓸모가 없다.

　반장 선거에 나간 아이들의 유세를 듣고 감동을 준 한 명에게 투표한다. 사업설명회의 프리젠테이션을 듣고 투자를 결심한다. 영업사원의 설명을 듣고 구매를 결정하고, 세바시에서 누군가의 15분 강연을 듣고 행동을 변화시킨다. 이처럼 말을 잘하면 인생의 가산점을 얻는다.

　그러나 우리의 문화 안에서 말에 대한 부정적인 선입견들이 있다.


　"말은 잘한다."

　"말만 잘한다."

아이들의 행동이 말한 바대로 따라주지 못할 때 흔히 하는 지적이다. 말한 만큼 책임 있는 행동을 하라는 뜻이다. 그러나 아이들에게는 생각을 표현하는 것 자체를 나무라는 말로 들린다. 결국 말을 억제하고, 표현을 가로막는 나쁜 영향을 미치게 된다.

"말도 잘한다."
"말이라도 잘하니 좋다."

이렇게 말하면 좋겠다. 이런 평가를 들었다면, 아이는 표현하는 자체가 잘못되었다는 생각은 하지 않을 것이다.

생각을 말할 수 있는 아이로 기르는데 부모의 역할이 중요하다.

"엄마 바빠. 더듬지 말고 빨리 말해."
"그래서 네가 하고 싶은 말이 뭔데? 질질 끌지 말고, 결론만 간단히 말해 봐."

이런 엄마의 말들이 아이의 입을 막는다. 긴장한 아이는 점점 더 말을 못하게 된다. 엄마의 말을 들으며 아이는 생각할 것이다.

'나는 말을 못하는 아이야.'
'사람들은 내가 말하면 재미없다고 생각할 거야.'

아이는 자신을 말 못하는 아이로 규정한다. 아이의 입을 다물게 한다. 결국 아이는 점점 더 타인 앞에서 말하기를 꺼리게 된다. 생각대로 말 못하는 아이가 된다.

잭 웰치는 미국 제너럴 일렉트릭(GE)의 CEO다. 1,700건 이상의 기업을 인수, 합병하며 고속 성장을 이끈 최고의 기업가이다. 그의 리더십은 수많은 책으로도 소개되고 있다. 미국 최고의 사업가이며 수많은 사람의 마음을 움직인 달변가 잭 웰치. 그가 어린 시절 말더듬이였다는 사실을 알고 있는가.

그는 발음이 좋지 않았다. 식당에서 주문을 하면 다른 음식이 나오기도 했다고 한다. 참치 샌드위치 한 개를 주문했는데 샌드위치가 두 개가 나오곤 했단다. 영어로 참치를 뜻하는 튜나(tuna)를 '튜 튜나'라고 더듬어서 말하니, 듣는 사람이 '투 튜나(two tuna)'로 알아들었기 때문이다.

잭 웰치는 그럴 때마다 실망하며 자신감을 잃었다. 그러나 어머니는 그런 아들에게 이렇게 말했다.

"너는 너무 똑똑하기 때문에 그런 거야. 머리에서 나온 똑똑한 생각을 너의 혀가 바로 따라오지 못해서 그런 거란다."

너무 생각이 빠르기 때문에 말이 제대로 쫓아오지 못한다는 설명이었다. 잭 웰치는 엄마의 말을 들으며 자신감을 얻었다. 말을 더듬는 것은 창피한 것이 아니라고 생각했다. 머리의 똑똑한 생각을 혀가 따라오도록 노력했다.

재미있게 들어주면 재미있게 말하는 아이가 된다

말을 재미있게, 자신감 있게 잘하는 사람들에게는 공통점이 있다. 누군가 그 사람의 말을 재미있게 들어주었다는 것이다.

탤런트 안문숙씨가 TV의 한 토크쇼에 나온 적이 있다. 그녀의 엄마는 항상 '너는 참 말을 재미있게 잘한다.'라고 했다.

그녀는 천성적으로 말을 잘했을 수도 있다. 그러나 엄마의 칭찬을 들으며 남 앞에서 말하는 게 즐거웠다고 한다. 점점 더 말을 잘하는 사람이 되었을 것이다. 자신감 있고 거침없고 재미있는 안문숙씨의 성격은, 어린 시절 그녀의 엄마에 의해 형성되었던 셈이다.

전 국회의원 손봉숙씨는 아무리 높은 사람이라도 그 권력 때문에 주눅 들어 본 적이 없고 하고 싶은 말을 못한 적이 없다고 한다. 그 이유는 아버지의 민주적 훈련 덕분이라고 했다.

그녀의 아버지는 권위로 자식들을 누르는 법이 없었다. 뭔가 해달라고 조르면 아버지의 대답은 한결 같았다.

"그래? 왜 그게 필요한지 나를 한 번 설득해봐라."

손의원은 머리를 짜내고 짜내서 아버지를 설득했고 그때마다 아버지는 설득을 당해주셨다고 한다. 왜 친구 집에서 늦게 돌아올 수밖에 없었는지, 왜 이 달에는 용돈이 더 필요한지 등등. 이유가 중요한 것이 아니고 다만 논리적으로 아버지를 설득할 수 있으면 되었다고 한다.

그러다보니 손의원은 자신도 모르는 사이에 누구든 설득할 수 있다는 자신감이 생겼다. 논리적이고 합리적인 사고와 표현력을 기를 수 있었다. 집안의 최고 권위자인 아버지를 설득할 수 있으니 세상에 눈치를 봐야 할 '무서운 사람'이 없었던 셈이다.

자녀에게 설득당하는 아버지는 논리적으로 부족해서일까? 그렇지 않다. 자녀를 사랑하기 때문에 설득 당해주는 것이다.

말 잘하는 아이로 기르려면 아이의 말을 재미있게 들어주는 엄마가 되어야 한다. 지루해도 웃음으로 반응해주어야 한다. 관심과 호기심으로 질문하면서 들어주어야 한다.

"어떻게 될지 궁금한데?"

"너무 재미있다."

"그래서 어떻게 되었는데?"

"우리 딸은 말을 재미있게 잘 하네."

"친구들이 네가 말하면 재미있어 하지?"

"말을 조리 있게 잘 하네."

"말을 들어보니 엄마가 설득 당했어."

아이가 말을 더 하고 싶게 만드는 엄마의 반응들이다. 아이는 점점 더 말을 잘하게 될 것이다. 자신이 정말로 말을 재미있게 잘한다고 생각하기 때문이다. 친구 앞에서 말하는 게 두렵지 않을 것이다.

말을 많이 하다보면 기술이 생긴다. 친구들의 반응을 보면서 목소리와 길이를 조절하게 된다. 웃음의 포인트를 알게 된다. 아이는 상황과 분위기에 따라 다르게 말하는 법을 배운다. 친구들 사이에서 인기 있는 아이가 된다. 말을 잘 하는 아이가 되는 것이다.

자신의 생각을 말로 표현하는 것이 점점 더 중요한 시대가 오고 있다. 지식의 단순 암기, 연구, 분석 등의 업무는 이제 인공지능을 탑재한 로봇에게 넘어간다. 로봇이 할 수 없는 일은 사람의 마음을 움직이는 일이다. 설득과 대화로 사람의 마음을 끌어내는 일은 로봇이 할 수 없다.

아이들이 자신의 생각을 자유롭게 표현하도록 환경을 마련해주어야 한다. 재미있게 들어주는 엄마가 말 잘하는 아이를 만든다.

# 아이의 자존감을 높이는 4가지 말의 기술

1] 너를 사랑한다

미국에서 공부하던 시절, 자녀와 전화 통화하는 미국인 친구들을 보며 배운 것이 하나 있다. 그들은 전화를 끊으면서 아이에게 어김없이 "I love you" 라고 말한다.

처음에는 대수롭지 않게 여겼다. 그런데 생각해보니 나는 한 번도 아이와 통화하면서 사랑한다고 말한 적이 없다는 사실을 알게 되었다. 목적이 있어서 전화했기에 내가 할 말을 하거나 당부할 말을 할 뿐이었다.

처음에는 어려웠다. "사랑해 아들." 말해놓고도 그렇게 어색할 수가 없었다. 그런데 기분은 좋았다. 말하는 내가 먼저 즐거웠다. 어색해도 계속했다. 처음에는 덤덤했던 아이가 언젠가부터 "나도." 라고 반응하기 시작했다.

자녀의 자존감을 세워주는 첫 걸음, 아이가 사랑받고 있다고 느끼도록 부모가 말해주는 것이다. 꼭 말을 해야 아느냐고 말하는 부모도 있다. 사랑하니까 좋은 거 먹이고 입히고 원하는 거 해주는 거 아니냐고, 말로 표현치 않아도 아이가 이미 알고 있을 것이라고 한다.

그러나 말로 해야 안다. 사랑한다고 말할 때 아이들은 자신이 사랑받고 있음을 확인한다. 어색하게 느껴질지라도 사랑한다고 말해야 한다.

물론 부드러운 목소리, 다정한 눈빛, 웃는 얼굴, 쓰다듬는 접촉 등의 신체적 표현이 곁들여져야 한다. 말로는 사랑한다고 하면서 신체적 표현이 무뚝뚝하다면, 아이는 사랑의 메시지를 믿지 못할 것이다.

에르마 봄벡(Erma Bombeck)은 "나는 너를 ~~할 정도로 사랑한단다."로 사랑을 표현하라고 한다. 그녀는 이렇게 예를 들고 있다.

"나는 네가 어디로 가든지, 누구와 같이 가는지, 몇 시에 집에 들어올 것인지를 귀찮게 물어볼 정도로 너를 사랑한단다. 나는 네가 초콜릿을 몰래 베어 먹고 있을 때, 너를 가게에서 데려가서 '초콜릿을 훔친 건 나예요'라고 고백하게 할 정도로 너를 사랑한단다."

"엄마는 너에게 방 정리를 부탁할 정도로 너를 사랑해."
"너에게 쓰레기를 치우라고 할 정도로 너를 사랑해."
"용돈의 10%를 저축하라고 말할 정도로 너를 사랑한단다."

이렇게 잔소리를 하면서도 사랑한다는 말을 뒤에 넣으면 아이의 감정이 상하지 않는다. 평소보다 훨씬 좋은 효과를 기대할 수 있다.

아이들은 부모의 사랑을 통해 자존감을 형성한다. 부모가 표현한 만큼 자신이 사랑스러운 존재임을 느낀다. 사랑을 표현하라.


### 2] 너는 우리 가족이야

인터넷에서 청소년 자살예방 UCC동영상을 본 적이 있다. 제목은 '소년의 밤'.

고등학생 남자아이들 세 명이 한 집에 모여서 축구 경기를 보고 있다. 한 친구가 말한다.

"승현이도 부를까? 걔도 첼시 팬이거든."

갑자기 싸늘해지는 분위기.

"너 걔랑 친해?"

"아니."

아이들은 다시 축구 경기에 몰두한다.

그 순간 승현이는 한강 다리 위에 서 있다. 뛰어 내리려고 발꿈치를 들었다 놓았다 하며 강을 응시하고 있다.

전화벨 소리가 들린다.

"승현아, 뭐해? 우리 축구 같이 보기로 했잖아."

친구의 목소리다.

"어, 근데... 나 지금 가면 좀 늦을 거 같은데, 괜찮나?"

잠시 후 승현이와 아이들은 함께 거실에서 축구를 보고 있다. 골이 들어가자 아이들은 환호하며 서로 부둥켜안고 하나가 된다.

소속감. 우리는 누구나 어딘가에 소속되고 싶어 한다. 죽고 싶은 외로움에서도 건져낸다. 소속감은 곧 안전감이고 존재감이기 때문이다.

자녀에게 소속감을 느끼도록 해주는 것, 곧 자존감을 세워가는 방법이다.

자녀가 가족의 한 사람인 것은 당연하다. 표면적으로는 그렇다. 그러나 정서적 소속감을 느끼지 못한다면, 아이는 외로움과 싸워야 한다. 자신의 존재가 소중하다는 생각을 가질 여유가 없다.

가정에서 소속감을 경험하지 못한 아이는 또래집단에서 소속되지 못한다. 소속되고 싶어서 애쓰고 노력하지만 자연스럽게 섞이지 못한다. 가족의 일원으로 안정된 소속감을 느껴본 경험이 있다면, 그 밖의 집단생활을 잘 할 수 있게 한다.

"긍정적인 감정들은 자신에게 솔직해지고, 자신의 성격, 신체적 특성, 단점들까지 모두 받아들이는 것으로부터 나온다. 그리고 조건 없이 당신을 받아들이는 가족에 대한 소속감에서부터 나온다."

NBC의 인기 프로그램 '투나이트 쇼'를 35년간 진행했던 윌라드 스콧의 말이다.

가족에서 안전하게 소속되면 긍정성이 발휘되고, 그로 인해 자존감이 높아지며 관계에서도 성공한다는 의미다.


"나는 네가 우리 가족인 것이 기쁘단다."

"엄마, 아빠, 누나, 너, 우리 가족은 너무 행복해."
"너는 우리 가족이야."

가족의 한 사람이라고 아이에게 말해준다면, 아이는 자신이 필요한 사람이고 관심의 대상이라는 것을 느낀다.

가족의 역사를 이야기해 주는 것도 아이가 소속감을 느끼는데 도움이 된다. 할머니 할아버지 이야기, 부모가 자랄 때의 이야기를 들려주거나 사진을 보여주며 자연스럽게 가족의 역사에 대해 이야기한다. 아이는 자신의 뿌리를 알아가고 정체성을 만들어가게 될 것이다.

휴가를 계획하거나 중요한 결정을 내릴 때, 자녀의 의견과 느낌을 묻는 것도 소속감을 느끼게 한다. "너는 우리 가족이야."라는 메시지를 보내는 것이다. 또한 뭔가 수행해야 할 임무를 주는 것도 소속감을 부여한다. 가족이기 때문에 역할이 있다는 의미이기 때문이다.


3] 너를 믿는다

쿵푸팬더의 주인공 포, 쿵푸를 사랑하고 열망하는 국수집 아들이다.

사부인 시프는 왕의 전사를 키워내려고 5명의 제자들을 열심히 훈련시켜왔다. 그런데 왕의 전사를 뽑는 날 제자들 중 누구도 아닌, 구경 왔던 팬더 포가 엉겹결에 왕의 전사로 지목되는 황당한 결과를 맞이한다.

시프는 이를 인정하고 싶지 않다. 이렇게 뚱뚱하고 느린 팬더가 왕의 전사라고? 그는 포가 못마땅하다. 스스로 포기하고 돌아가기를 원했다.

그러던 어느 날, 타이롱이라는 난폭자가 마을로 오고 있다는 소식을 들었다. 다급한 시프가 대사부를 찾아가 나쁜 소식이 있다고 말한다.

대사부는 이렇게 말한다.

"좋은 소식, 나쁜 소식은 없어. 그냥 소식일 뿐이지, 그러나 자네가 용의 전사를 믿지 않는다면, 그건 나쁜 소식이지."

대사부는 포가 왕의 전사인 것을 믿어야 한다고 말한다.

뚱뚱하고 게으르고 먹는 것만 좋아하는 포가 어떻게 무서운 적을 상대할 수 있다는 말인가? 시프의 걱정과 불안은 당연하다. 마치 내 아이를 걱정하는 엄마의 모습과 흡사하다. 게으르고 놀기 좋아하고 책임감도 없는 우리 아이가 어떻게 큰 인물이 된다는 것인가?

그러나 대사부는 이렇게 말한다.

"가능할지도 몰라, 자네가 믿어주기만 한다면."

시프는 도저히 받아들일 수가 없다. 지금 적이 쳐들어오고 있는데 언제까지 믿어주느냐고 따진다. 마음이 급하다.

"운명을 바꿀 수는 없다네, 이 나무가 내가 원한다고 해서 열매를 맺거나 꽃을 피우지 않아, 때가 되기 전까지는."

공감되는 장면들이다. 우리는 당장이라도 적이 쳐들어올 듯 마음이 급하다. 이미 왕의 전사로서의 면모를 보여야 할 시점이라는 듯 아이를 다그친다. 경쟁 사회에서 뒤처지면 안 된다는 조급한 마음 때문에 아이를 기다려주지 못한다.

믿는다는 것은 기다려주는 것이다.

지금의 모습이 팬더 포처럼 느리고 둔해도 내 아이가 왕의 전사라는 것을 믿고 기다리는 것이다. 성급하게 재촉하지 않는 것이다. 언젠가는 꽃을 피우고 열매를 맺고 거대한 나무로 커갈 것이라고 믿는 것이다.

불가능하다고 불평하는 시프에게 마지막으로 대사부는 이렇게 말하고 떠나간다.

"가능할지도 몰라, 자네가 잘 보살펴주고, 이끌어주고, 믿어만 준다면..."

믿음에는 놀라운 힘이 있다. 믿는 대로 된다. 그렇다. 아이는 엄마의 믿음의 분량 만큼 성장한다.


"엄마는 네가 잘 해낼 거라고 믿어."
"그동안 잘 해줘서 엄마가 고맙지, 앞으로도 잘할 거라고 믿어."
"너는 늦되는 아이야. 천천히 배우는 타입. 나중에는 너무 멋져서 사람들이 깜짝 놀랄걸."


문제아, 게으름뱅이, 무책임한 아이라는 말을 듣고 자라는 아이는 그 말대로 된다. 지혜롭다, 사랑스럽다, 듬직하다는 말을 듣고 자라는 아이 역시 그런 아이가 된다. 믿음대로 되는 것이다. 믿어주고 기다려주는 말들이 아이의 자존감을 높인다.

내 아이는 이미 왕의 전사다. 그것을 믿어야 한다.

### 4] 너는 능력이 있단다

인디언의 전설 중에 있는 이야기이다.

어느 농부가 산에 올라갔다가 독수리 알을 하나 주웠다. 아무리 보아도 무슨 알인지 알 수가 없었다. 농부는 집에 돌아와 알을 품고 있는 암탉의 우리 속에 알을 넣었다.

얼마 후 알에서 독수리가 깨어났다. 새끼 독수리는 어미 닭을 따라 다니며 병아리들과 함께 자랐다. 새끼 독수리는 병아리들이 하는 대로 진흙을 파헤치며 씨앗과 벌레를 찾으러 다녔다. 닭처럼 꼬꼬댁 거리며 움직였다.

새끼는 자랄수록 자신이 다른 병아리들과 다르다는 것을 알게 되었다. 몸집도 크고 피부색도 검었다. 형제들이 다르게 생긴 자신을 피하고 따돌렸다. 독수리는 심한 열등감에 휩싸였다.

세월이 흐른 어느 날, 독수리는 하늘을 높이 날고 있는 멋진 새를 보게 되었다. 그 멋진 새는 힘찬 바람을 타고 우아하게 하늘을 날고 있었다. 독수리는 감탄하며 옆에 있는 닭에게 물었다.

"저건 무슨 새니?"

"독수리야, 새 중의 왕이지."

독수리가 부러운 듯이 중얼거렸다.

"멋지구나, 나도 저 새처럼 날 수 있을까?"

옆에 있던 닭들이 비웃으며 말했다.

"넌 절대로 저렇게 될 수 없어."

독수리는 체념한 듯 고개를 끄덕이며 공중의 독수리를 바라보았다.

우리는 밖으로 드러나는 것만 볼 줄 안다. 그러나 겉으로 보이는 부분은 사실 일부분일 뿐이다.

빙산은 전체의 90퍼센트가 보이지 않는 바다 속에 감춰져 있다. 태양광선은 눈에 보이는 가시광선외만 있는 게 아니다. 열을 전달해 따뜻함을 느끼게 해주는 적외선, 살균, 비타민D 합성 등 유익한 작용을 하는 자외선은 눈에 보이지 않는다.

인간 심리의 보이지 않는 부분이 무의식이다. 감춰진 무의식은 드러난 의식보다 더 많은 부분을 차지하며 삶에 큰 영향을 끼친다.

닭이 된 독수리처럼 우리 안에는 엄청난 능력이 숨겨져 있다. 그러나 그것을 알지 못하면 소용없다. 평생 열등감에 사로잡혀 사는 운명이 된다.

아이들이 보여주는 모습만으로 능력을 평가해서는 안 된다. 독수리의 날개와 힘을 가진 아이도 내면의 모든 능력을 꺾고 닭으로 살게 될 수 있다.

하버드 대학의 심리학자 윌리엄 제임스 교수는 이렇게 말했다.

"우리는 육체적 정신적 능력의 아주 일부만을 사용하고 있는데, 모든 능력을 발휘했을 때와 비교한다면 아마 반 정도는 잠자고 있을 것이다."

아이들의 잠재된 능력은 눈에 보이지 않는다. 확실한 것은 사용하지 않은 능력이 아이의 내면에 잠자고 있다는 것이다.

"그거 봐, 엄마가 잘할 거라고 했지? 넌 능력이 있다니까."
"너 스스로가 자랑스럽겠다."
"우리 아들은 그걸 잘하는구나."

독수리가 날개를 펼칠 용기를 갖도록 엄마의 격려가 필요하다.

아이들은 모두 능력이 있다. 능력은 성과가 아니다. 남보다 좋은 성적이 아니다.

능력은 생각하고 행동하는 힘이다. 배우고 깨닫는 힘이다. 성장하고 발전하는 힘이다. 그 힘을 북돋워줄 때, 아이는 자존감 높은 아이로 자란다.

시련을 이겨낸 경험이 없는 아이는 나약하다. 자신감이 없다.

좌절은 막아주는 것보다 중요한 것이 있다.

기다려주고 격려해주는 자세이다.

아이가 이겨낼 수 있도록 한발짝 떨어져 지켜보는 것이다.

그럴 때 아이는 단단해진다.

# 4장

## 엄마가 1cm 변하면
## 아이는 1m 성장한다

# 아이를 위해 남편을 칭찬하라

"아빠 또 놀러오세요"

한 제약회사 광고에서 엄마 품에 안긴 아이가 출근하는 아빠에게 하는 인사말이다. 어쩌다 한 번씩 얼굴을 보는 아빠는 아이에게 놀러오는 사람이다. 재미있지만 서글픈 현실을 반영하고 있다.

한국 아빠들은 바쁘다. 2016년 경제협력개발기구(OECD)의 자료에 의하면 한국 근로자들이 1년간 일한 총 시간은 OECD 회원국 중 2번째로 나타났다. 평균보다 347시간이나 많다.

어찌 근무 시간 뿐이랴. 퇴근 후에도 회식과 술자리가 이어진다. 급변하는 사회 분위기 속에서 일자리를 놓치지 않기 위해 자기계발에도 시간을 쏟아야 한다. 아이와 함께 시간을 보내고 싶어도 현실이 따라주지 못한다.

이렇게 가족을 위해 일터에서 살아남기 위해 애쓰는 아빠들. 아이와 놀아주는 일에 서툴 수밖에 없다. 경험이 없으니 어떻게 놀아

쥐야 하는지 알지 못한다. 어떻게 대화해야 하는지도 잘 모른다. 친밀감이 형성되기 어렵다. 그러다보니 점점 가족 대화에 끼지 못하고 주변으로 밀려나게 된다.

엄마가 있어서 좋다. 나를 예뻐해 주셔서.
냉장고가 있어서 좋다. 나에게 먹을 것을 주어서.
강아지가 있어서 좋다. 나랑 놀아주어서.
아빠는 왜 있는지 모르겠다.

인터넷에 떠돌았던 초등학교 2학년 아이의 시다.

가족을 위해 열심히 일하는 아빠. 그러나 정작 가정에서 설 자리가 없는 한국 아빠의 쓸쓸한 현실을 단적으로 보여주고 있다.

지민씨 부부는 남편의 외도 문제로 부부상담을 시작했다.

상담을 하면서 남편의 방황이 매우 사소한 것에서 출발했음을 알게 되었다. 아이가 태어나면서부터 밀려나기 시작한 남편의 자리에 대한 서운함이었다.

어느 날 남편은 아이 반찬을 집어먹었다는 아내의 핀잔을 들었다. 자존심이 상했다. 기분 나쁜 내색을 하니, 아내는 유치하다고 비난했다. 피곤하다며 성관계도 거부했다. 몸과 마음이 거부당하는 느낌이 쌓여갔다.

아이가 자라면서 아내의 차별은 더 심해졌다. 공부에 집중해야 한다는 이유로 가정의 모든 질서가 아이 우선으로 돌아갔다. 일찍 퇴근을 해도 아이가 학원에서 올 때까지 저녁을 먹지 않고 기다려야 했다. 아이 학습 분위기 망친다며 거실에서는 TV도 보지 말라고 했다. 당연히 아내와의 말다툼이 잦았다.

아이마저 아빠를 거부하는 느낌이었다고 한다. 아이는 모든 일을 엄마와 의논했다. 아빠가 물어보면 형식적으로 대답할 뿐이었다. 아빠가 집에 있으면 슬슬 눈치를 보고 방으로 들어가 버리곤 했다.

외로움이 밀려왔다. 집에 일찍 들어가기 싫었다. 친구와 술을 먹는 날이 많아졌다. 그러던 중 동호회에서 만난 여자와 술을 마시며 이야기를 나눴고 마음을 주게 되었다.

지민씨 남편의 외도가 아내 탓이라고 말하려는 건 아니다. 가족 안에서 잃어가는 남편의 자리에 대한 이야기를 하고 싶은 것이다.

가족을 위해 열심히 일했는데 정작 가족 안에서 존재감을 느끼지 못하고 설 자리를 잃어버리는 아빠들이 많다. 자녀의 존경을 받기는커녕 남처럼 어색한 관계가 될 때 아빠들은 허무감에 빠진다.


아빠의 사랑을 받지 못한 아이들은 결핍증세를 보인다

가정에서 아빠의 설 자리가 없을 때, 부부 관계는 물론 아이들에게도 좋지 않은 영향을 끼친다.

아이들은 커갈수록 아빠가 필요하다. 아빠에게 받아야 할 사랑이 있고, 아빠를 보며 닮아가야 할 부분이 있기 때문이다. 가정에서 아빠의 자리가 바로 설 때, 아이들의 심리도 안정이 된다.

아빠의 사랑을 받지 못한 여자 아이는 남자에게 사랑받고자 하는 욕구를 충족시키기 위해 이리저리 떠돈다. 자신을 사랑한다고만 하면 부적절한 사람과도 사랑에 빠진다. 아빠의 인정을 받지 못한 남자 아이는 삶의 만족감이 없고 공허하다. 자신감이 없으며 인정에 집착한다. 아이들에게 아빠가 필요한 이유이다.

가정에서 아빠의 자리를 찾는데 공헌할 수 있는 사람이 있다. 바로 아내다. 아이들과 시간을 보내지 못한다 해도, 아내가 어떻게 하는지에 따라 아빠의 자리는 만들어질 수 있다.

중요한 것은 아이들의 심상에 아빠가 어떤 존재로 그려져 있는 가이다. 아이들 머리 속의 아빠 이미지는 대부분 엄마에 의해 만들어진다.

나의 남편은 소설가이다.

2000년에 '가시고기'라는 소설을 썼다. 가시고기는 그 해 최고의 베스트셀러가 되었다. 우리 가정의 경제 사정이 좋아졌고, 나는 얼마 후 아들을 데리고 공부하러 미국에 갔다. 당시 아들은 초등학교 6학년이었다.

남편의 직업상 우리는 항상 주말부부였다. 남편은 집필실에서 머물며 글을 썼고, 주말에만 집에 와서 시간을 보내곤 했다.

나의 미국 유학 결정은 그리 어렵지 않았다. 주말부부에 익숙한 터라 그랬다. 여름방학에는 우리가 한국에 오고, 겨울방학에는 남편이 미국에 와서 머물면 되리라 생각했다. 떨어져 있는 시간이 그리 길지 않을 것이라고 여겼다.

상담학 석사과정을 마치고 아들이 대학에 들어가던 해, 나는 홀로 한국으로 돌아왔다. 그러니까 초등학교 6학년 때부터 지금까지 아들은 아빠와 분리된 삶을 살고 있는 것이다. 물론 한국에 있을 때도 주말 부부였기에 아이가 아빠와 보낸 시간이 그리 많지 않았다.

남편은 나에게 더 없이 좋은 남편이었다. 하지만 아빠로서는 어설픈 사람이었다. 일찍 아버지를 여의고 홀어머니 밑에서 성장했다. 온 국민을 울린 '가시고기'에서 가슴 절절한 부성애를 그려냈지만 현실에서는 아버지의 역할을 잘 알지 못했다. 아이와 놀아주는 법도 제대로 알지 못했다. 게다가 아들과 오랫동안 떨어져 살았기에 함께 공유할 추억도, 친밀감을 형성할 기회도 부족했다. 그러다보니 감정적으로 부딪히는 일이 잦았다.


어느 덧 성인이 된 아들은 아빠를 인생의 롤모델로 여기며 존경한다. 엄마와 일상적인 이야기를 주로 나눈다면, 아빠와는 철학과 문학, 시사 전반에 관한 이야기를 오래도록 깊이 나눈다.

함께 보낸 시간도 적었다. 아버지를 경험해보지 못한 미숙함으로 실수도 많았다. 너그럽고 좋은 아빠가 아니었다.

그런데 어떻게 아이는 아빠를 좋아하게 된 걸까?

우리의 부부 관계가 좋았기 때문이다. 나는 항상 아들에게 남편에 대해 긍정적인 면을 말했다. 단점도 인정했지만 장점을 많이 들려주었다. 자연스럽게, 아빠에 대한 좋은 이미지가 아이에게 그려진 듯했다. 커가면서 아이는 아빠를 존경했고, 아빠는 아들과 사랑에 빠졌다.

### 아이를 위해 억지로라도 칭찬하라

남편이 아이들과 시간을 보낼 수 없을 만큼 일터에서 전쟁을 치루고 있다면, 아내는 남편을 인정해야 한다.

왜 가족에게 무심하냐고, 왜 아이들과 놀아주지 않느냐고 불평하며 다투지 말라. 놀아주지 않는 것보다 다투는 것이 아이들에게 더 해롭다. 아빠의 무심함보다 부부의 싸움이 아이들을 더 불안하게 만든다.

엄마가 아빠에 대해 좋은 말을 한다면, 아이들 머릿속에는 아빠에 대한 좋은 이미지가 그려진다. 놀아주지 않아도, 가끔 소리를 지르며 화를 내도 아이들은 아빠에게 상처받지 않는다.

엄마가 아빠에 대해 불평하거나 나쁘게 말하면, 아이는 아빠가 싫어진다. 아빠와 마주하는 시간이 부족하니 아이가 직접 확인할 기회도 적다. 거의 엄마의 말에 의존해 아빠를 평가한다. 따라서 아빠에 대한 미움은 더욱 커진다. 결국 아빠의 존재를 무시하게 된다.

아이를 잘 키우려고 최선을 다하는 엄마일수록 협조하지 않는 아빠에게 불평하고 무시하며 다투는 경우가 많다. 그러나 명심하라. 남편을 폄하할수록 아이는 밝고 건강하게 자라지 못한다.

남편을 인정하고 칭찬하자.

아내가 남편을 칭찬하면 아이들은 저절로 아빠를 존경하게 된다. 아빠를 존경하며 자라는 아이들은 삶의 목표가 뚜렷하다. 바위처럼 든든한 지원군을 품고 살게 될 것이다.

# 게임에 빠진 아이, 엄마가 구출할 수 있다

방과 후 초등학교 2학년 아이들을 대상으로 집단 심리치료 프로그램을 진행한 적이 있다. 8명 정도의 아이들이 모였다. 미술과 놀이를 겸해서 프로그램을 짰다.

민석이가 활동에 참여하지 않고 교실 주변을 빙빙 돌았다. 활동을 방해하거나 산만하게 구는 행동은 하지 않았다. 조용히 교실 뒤 의자에 앉아 있을 뿐이었다. 함께 하자고 권유했지만 아이는 빙그레 웃기만 했다.

양파링 과자를 전달하는 게임을 했다. 두 팀으로 나누어서 하는 게임이어서 민석이에게 다시 권했다.

과자 게임은 아이들이 매우 흥미로워 한다. 나무젓가락으로 양파링 과자를 끼워서 뒷사람에게 전달한다. 아이들은 소리를 지르며 즐거워한다. 떨어뜨리지 않으려, 상대 팀보다 더 빨리 전달하려 엄청난 집중력을 발휘한다. 규칙을 배우며 협동심을 경험하는 좋은 놀이이다.

경험에 비춰보건대, 산만한 아이들도 폭력적인 아이들도 이 게임에는 흥미를 보이며 참여했다. 그러나 민석이는 뒷전에서 지켜보기만 했다. 안하는 사람은 과자를 먹을 수 없다고 해도 고개를 가로저었다. 초등학교 2학년 아이가 과자의 유혹마저 뿌리친 것이다.

"민석아, 왜 다 하기 싫었어?"

수업이 끝나고 민석이에게 물어보았다.

"그냥요, 재미가 없어요. 시시해요."

민석이의 대답은 의외로 간명했다.

"그럼 뭐할 때 재미있어?"

"게임할 때요. 게임만 재미있어요."

"게임 말고 또 뭐가 재미있어?"

"없어요."

하루에 게임을 얼마나 하는지 물어보았다. 학교에서 집으로 돌아가면 거의 모든 시간 게임을 한다고 했다.

민석이 부모님은 맞벌이부부다. 엄마가 돌아올 때까지 민석이는 혼자 집에 있다. 엄마는 전화로 아이의 스케줄을 챙길 뿐이다. 아이가 집에서 얼마나 게임을 하고 있는지 알지 못한다. 알아도 통제할 방법은 없긴 하다.

민석이는 몇 개의 학원을 다닌다. 머릿속에는 빨리 집으로 돌아가서 게임을 하고 싶은 생각으로 가득했다. 이미 다른 즐거움을 잃어버린 셈이었다. 초등학교 2학년이 보여야 할 미술과 놀이에 대한 흥미를 상실했다. 게임 이외의 모든 활동들은 민석이에게 다 시시했다.

### 컴퓨터에 과다 노출된 아이들

컴퓨터게임이 미치는 부정적인 영향은 많이 보고되고 있다. 컴퓨터게임에 장시간 노출될 경우 수면장애, 시력장애, 섭식장애 등이 나타난다. 폭력성, 현실과 가상의 세계의 혼재로 인한 폭력사건 등 사회 문제의 원인이 된다.

아이들이 컴퓨터게임에 노출되지 말아야 하는 이유 중 하나는 이렇다. 컴퓨터게임을 많이 하면 전두엽이 파괴된다. 전두엽은 인간의 뇌에서 20%를 차지하는데 인간이 인간다운 행동을 하는 모든 기능이 전두엽을 통해서 이루어진다. 유연성, 집중력, 융통성, 실행능력, 추상적 사고능력 등등.

카톨릭대 서울성모병원 정신건강의학과 김대진 교수가 청소년 인터넷 중독 실태를 연구했다. 인터넷 중독 현상이 아이들의 사회적 인지 능력과 지적 능력을 떨어뜨린다고, 김교수는 밝혔다.

"청소년기 뇌기능이 한창 발달하는 시기에는 인지 기능을 담당하는 뇌의 전두엽 기능이 다양한 학습 자극을 통해 활성화 되어야 하는데, 장시간 지속적인 인터넷 중독이 이를 방해했기 때문이다."

컴퓨터게임과 뇌 발달 결과에 의하면, 게임으로 전두엽이 퇴화되는 과정은 이러하다.

컴퓨터게임을 할 때와 독서를 할 때의 뇌 사진을 비교했다. 활성화되는 뇌의 부위가 달랐다. 독서를 할 때는 전두엽 부위가 자극을 받았다. 그러나 게임을 할 때는 뇌가 자극을 받지 않았다. 독서와 게임, 모두 두뇌를 사용하는 듯 보인다. 독서와 달리 게임을 할 때, 뇌는 거의 휴면 상태에 있다.

전두엽은 어렸을 때는 적극적으로 사용되지 않는다. 주로 중학생 이후에 본격적으로 사용되기 시작한다. 어린 시절 컴퓨터 게임을 오래하면, 전두엽이 활동을 하지 않는다. 따라서 그 기능이 점점 퇴화된다. 본격적으로 전두엽을 사용해 학습하고 사고해야 할 시기가 되었을 때, 정작 전두엽이 기능을 발휘하지 못하게 되는 셈이다.

컴퓨터게임의 해악은 또 있다. 요란한 소리와 현란한 화면, 빠르게 변하는 장면들이 눈앞에 펼쳐진다. 장기간 이런 환경에 노출된 아이들은 글자를 읽는 일이 매우 어렵다. 밋밋하고 지루하다. 말초적인 자극에 익숙해졌기 때문이다. 민석이의 경우처럼 게임 이외의 모든 일상이 다 시시하게 느껴질 수 있다.

민석이의 상태가 걱정스러웠다. 민석이와 이야기를 더 나누다보니 다행히 축구가 재미있다고 했다. 민석이 엄마와 전화 통화를 했다. 민석이에게 축구를 할 수 있도록 기회를 많이 줄 것을 당부했다.


### 관계의 즐거움을 알게 하라

서울에서 부산까지 가장 빨리 가는 방법은 뭘까?

강의를 하면서 엄마들에게 묻는다. 그러면 엄마들은 'KTX를 타고 간다, 고속버스를 타고 간다, T맵으로 간다.' 등 다양한 답을 말한다. 답은 '친구와 함께 간다.'이다.

웃자고 하는 말이지만 모두가 공감한다. 친구와 함께 가는 길은 아무리 멀어도 짧게 느껴지는 것을 경험해 보았기 때문이다.

아이들도 친구를 좋아한다. 사춘기가 되면 더욱 그렇다. 친구 때문에 학교생활이 즐겁고, 친구 때문에 좌절하고 방황한다.

인간은 누구나 관계를 통해서 재미를 느낀다. 기쁨과 즐거움, 보람과 만족 등의 다양한 감정을 관계를 통해서 맛본다. 그래서 힘들면 친구를 만나 위로를 받고, 밤을 새워 이야기를 한다.


인간의 삶은 곧 관계이다. 관계가 주는 재미, 즐거움, 뿌듯함, 행복감이 곧 삶이다. 그러나 게임에 빠진 아이들은 관계가 주는 기쁨을 모른다. 게임에 빠져서 관계의 즐거움을 모르는 것일까? 관계가 주는 기쁨을 모르기 때문에 게임에 빠져드는 것일까?

상호 영향이 있을 터이다. 분명히, 주목할 바가 있다. 순서상 관계에서 즐거움을 맛보지 못하는 아이들이 외로움 때문에 게임에 빠져든다는 사실이다.

부모가 늘 잔소리와 비난의 말을 하는 가정의 아이는 부모와의 관계에서 재미를 느끼지 못한다. 상처받은 마음을 위로받을 곳을 찾는다. 듣기 싫은 소리를 피해서 게임의 세계로 들어간다. 그 순간 아이는 마음이 편하다. 모든 것을 잊을 수 있고, 그 가상의 세계에서는 자신을 비난할 사람도 없다. 마음이 외로운 아이가 점점 게임의 세계로 빠져드는 이유이다.

부모와의 관계가 어려운 아이들은 친구 관계도 그러하다. 관계를 잘 맺는 말과 행동을 배우지 못했기에 아이는 친구와 어떻게 지내야 하는지 알지 못한다. 속마음은 친구랑 잘 놀고 싶어도 겉으로는 잘 못된 모습으로 표현한다. 친구가 있을 리 없다.

결국, 관계 맺기가 어려운 아이들이 게임의 세계에 쉽게 빠져든다. 가상의 세계에서는 어려운 관계를 맺을 필요가 없다. 나를 거짓으로 포장할 수도 있다. 말을 하지 않아도 된다. 게임을 멋지게 잘하기만 하면 가정이나 학교에서 경험해보지 못한 뿌듯함을 맛볼 수도 있다. 그런 아이들에게 게임의 세계는 피난처요, 환상의 세계인 셈이다.

### 게임보다 더 즐거운 엄마와의 놀이

게임을 전면적으로 막을 수는 없는 세상이 되었다.

스마트폰이 초등학생부터 노인들의 손에까지 들려 있다. 한 번의 터치로 다운받을 수 있는 게임이 널렸다. 아무리 철저하게 단속을 한다고 해도 아이들의 호기심을 막을 수는 없다. 아이들 스스로 게임을 멀리하지 않으면, 게임 중독에서 벗어날 길이 없다.

아이에게 게임이 아닌 다른 즐거움을 찾아주어야 한다.

우선, 부모와 자녀 관계를 흥미롭게 만드는 것이다. 엄마와 함께 있는 시간이 즐거워야 한다. 그러려면 먼저 좋은 대화가 오고 가야 한다. 잔소리, 지적하는 말, 꾸짖는 말보다 칭찬의 말, 감사의 말, 재미있는 말을 더 많이 해야 한다.

또한 자녀와 함께 노는 부모가 되어야 한다. 엄마와 하는 놀이가 컴퓨터 게임보다 훨씬 재미있다는 사실을 느끼도록 해야 한다. 엄마와 즐겁게 웃고 장난도 치다보면 엄마의 사랑이 느껴지기 때문이다.

몸으로 하는 놀이는 학년이 올라가면 어려워질 수 있다. 아이들이 싫어한다. 그러나 보드게임, 오목두기, 퀴즈풀이 등 머리를 쓰는 놀이도 많이 있다. 놀이를 하면서 느끼는 정서적 교감이 아이를 즐겁게 한다. 엄마와 정서적 교감을 나누면서 배운 기술로 아이는 좋은 친구관계를 맺을 수 있다. 친구가 주는 재미가 얼마나 크고 소중한지 경험하게 될 것이다.


말라 비틀어가는 나무를 살리기 위해 잎사귀에 영양을 주는 사람은 없다. 뿌리에 물을 주고 영양분을 공급한다. 물줄기가를 뿌리 쪽으로 돌려놓으면 잎은 저절로 싱싱해진다.

자녀가 게임에 과다하게 빠져 있는가? 컴퓨터나 스마트폰을 빼앗는 것으로는 해결되지 않는다. 요금 폭탄을 맞았다고 아이를 벌주거나 때린다고 달라지지 않는다. 아이가 다른 것에서 재미를 느낄 수 있도록 감정의 물줄기를 바꿔줘야 한다.

감정의 물줄기는 관계이다. 특히 부모와의 관계.

불편한 관계가 되면 아이는 외롭고 허전하다. 그럴수록 도피처를 찾는다. 그러나 원만한 관계라면, 아이는 그 속에서 즐거움과 편안함을 느낀다.

게임 중독의 아이를 나무라기 전, 먼저 아이와의 관계를 돌아보

라. 감정의 물줄기를 돌려 관계를 회복하라. 부모와의 관계가 즐겁고 편하다고 느끼게 하라. 아이는 스스로 게임을 벗어날 것이다.

# 지나친 지지도 병이 된다

부모교육에 모인 엄마들이 지난 한 주간의 성공과 실패 이야기를 나눈다.

오늘도 실패했다며, 연아 엄마가 한숨 섞인 목소리로 말문을 열었다.

"아침밥을 차려 놓았는데 느닷없이 아이가 아빠랑 색칠공부를 하겠다는 거예요. 간신히 달래 식탁에 앉히기는 했죠. 하지만 입을 앙다문 채 버텼어요."

결국 부부는 졌다. 아빠는 식탁에서 아이와 색칠공부를 했고, 엄마는 옆에서 밥을 떠먹였다.

주위에서는 연아를 차분하고 배려심이 많은 아이라고 칭찬한다. 그러나 엄마는 욕심 없고 소극적인 딸이 걱정스럽다. 연아는 친구들과 함께 놀 때 "나도 할래."라며 적극적으로 끼지 못한다. 갖고 놀던 장난감도 친구가 달라고 하면 그냥 내어주고 만다.

왜 연아는 친구 관계에서 적극 나서지 못할까? 뒤에서 머뭇대기만 할까? 자기 의사를 분명히 말하지 못할까?

처음에는 연아와 엄마, 둘의 성향 차이인 듯 보였다. 엄마의 성격이 적극적이고 활달했기에 아이의 조용한 성향을 못마땅해 하는 것으로만 여겼다. 그런데 이야기를 나누다 보니 다른 요인이 있었다. 엄마의 지나친 지지와 열심이었다.

연아 엄마는 30대 후반 늦은 나이에 결혼했다. 출산과 동시에 전업주부가 되었다. 그녀의 관심은 오직 연아를 잘 키우는 것이었다. 아이의 말에 열심히 반응해주고 아이의 필요나 욕구를 세세히 파악해 채워주려고 했다.

연아는 유치원에 가는 것보다 엄마와 지내는 것을 더 좋아했다. 집안에만 있어도 심심하지 않을 만큼 엄마가 연아와 잘 놀아주기 때문이었다. 연아의 입장에서는 아쉬울 것이 없었다. 친구도 중요하지 않았다. 엄마가 아이의 말을 잘 들어주고 반응해주기 때문에 친구와 놀고 싶은 욕구가 생기지 않았던 것이다.

엄마의 지지는 중요하다. 그러나 지나친다면? 정도를 넘어선 지지는 회피적인 아이를 만든다.

엄마가 조성해주는 환경이 너무 안전해서 아이는 거기에만 머물고 싶어 한다. 바깥세상이 주는 작은 갈등과 거절을 심한 고통으로 여겨 엄마의 품에서 벗어나는 것을 두려워한다. 가정에서는 모든 필요를 채워주고 지지해주는데 밖에서는 그렇지 않기 때문이다.

유치원, 학교에 가면 갈등과 좌절을 겪는다. 저항력이 없는 아이들은 이러한 환경을 극복할 노력보다 회피할 방법부터 찾게 된다. 관계를 단절하는 쪽을 선택한다.

### 지나친 지지의 위험성

최근에 상담실에서 지연씨를 만났다.

부모의 지나친 지지로 회피적 관계 패턴을 만들어낸 경우였다. 지연씨는 모 대학의 실용음악과에 합격했다. 예의를 갖추라고 요구하는 선배들의 지나친 서열의식에 상처를 받았다. 동료 관계에서도 적응하지 못했다. 어렵사리 들어간 대학교를 자퇴하고 말았다.

지연씨는 엄마와 친구처럼 가까웠다. 엄마와 이야기할 때 가장 즐거웠다. 친구와 약속이 있어도 엄마와 시간을 보내야 할 일이 생기면 언제든지 달려갔다.

엄마가 만들어준 지지적인 환경은 지연씨를 나약하게 만들었다. 지연씨는 외부의 충격에 감당할 내성을 지니지 못했다. 상대가 기분 나쁜 말을 해도 무조건 참았다. 화를 낼 경우 빚어질 갈등 상황이 두려웠다. 겉으로는 대수롭지 않다는 듯 받아넘기지만 속으로는 엄청난 상처를 받았다.

결국 지연씨가 선택한 방법은, 회피와 단절이었다. 관계를 끊어버리는 것이었다.

자녀를 향한 정서적인 지지는 매우 중요하다. 지지를 통해 아이는 세상으로 나갈 힘을 얻기 때문이다.

그러나 지나친 지지는 아이를 나약하게 만든다. 갈등 요인과 마주하면 회피부터 하게 된다. 도전을 두려워한다. 안전한 가정 안에만 머물고 세상을 향해 나가려 하지 않는다.

그렇다면 지나친 지지는 무엇일까?

첫째, 물질적인 풍요로 해주는 지지다.

결핍을 느끼기도 전에 모든 것을 공급해주는 것이다. 경제적으로 풍족해진 요즘 저지르기 쉬운 실수이다. 게다가 자녀의 수가 적으니 부모는 아이의 필요를 더욱 풍족하게 공급해준다.

아이는 필요한 것을 얻기 위해 노력하지 않아도 된다. 아이는 점점 수동적으로 행동한다. 감사를 모르는 아이가 된다. 간절히 원하는 것을 얻을 때 우리는 감사를 표현한다. 그러나 원하기도 전에 모든 것이 주어진다면 아이는 감사를 배우지 못한다.

둘째, 모든 것을 허용하는 지지이다.

해도 되는 것과 하지 말아야 할 것, 그 둘의 경계가 없이 아이가 원하는 바를 모두 들어주는 것이다. 늦은 나이에 얻은 아이거나 맞벌이는 하는 부모에게 많이 보이는 실수이다.

안쓰러워서, 미안해서 아이의 부탁을 거절하지 못한다. 아이에게 하지 말아야 할 것에 대해 단호하게 대처하지 못한다. 이럴 경우 아이는 버릇없는 아이가 된다. 감정을 절제하지 못한다. 작은 거절에도 크게 좌절하게 된다.

셋째는 좌절을 미리 막아주는 지지이다.

프랑스의 아동정신분석가 프랑수아즈 돌토는 그의 저서 '아동기의 주요단계'에서 "소중한 아이일수록 시련을 겪게 하고, 하기 싫어하는 일을 반드시 시켜라."고 했다.

완벽한 성격의 엄마, 꼼꼼하고 계획적인 성향의 엄마들이 상대적으로 저지르기 쉬운 실수이다.

아이의 모든 일상이 엄마의 시야 안에 있으니 실패할 경우의 수를 다 예상한다. 본인이 철저하기 때문에 아이의 실패를 대수롭지 않게 여기지 못한다. 너그럽게 바라보지 못하기 때문에 엄마가 미리 나서서 막아준다.

시련을 이겨낸 경험이 없는 아이는 나약하다. 자신감이 없다. 실패가 두려워 도전도 하지 않는다. 좌절은 막아주는 것보다 중요한 것이 있다. 기다려주고 격려해주는 자세이다. 아이가 이겨낼 수 있도록 한발짝 떨어져 지켜보는 것이다. 그럴 때 아이는 단단해진다.

넷째는 의존하게 만드는 지지이다.

아이의 감정을 지나치게 공감한 나머지 엄마가 나서서 아이의 문제를 해결해주려고 한다. 아이는 스스로 감정을 처리하지 못한다. 엄마에게 모든 것을 묻는다. 엄마를 떠나지 못한다.

의존은 아이의 성숙을 막는 걸림돌이다. 엄마를 떠나지 못함으로 다양한 경험을 하지 못한다. 시야가 좁다. 성숙한 사고를 하지 못한다. 또한 심리적으로 불안하다. 두려움이 많다.

아이의 감정을 공감하되 엄마가 대신 문제를 해결해주는 것은 옳지 않다. 아이가 엄마에게 의존하지 않고 스스로 자신의 문제를 해결하도록 거리를 두어야 한다.

도널드 위니컷은 '충분히 좋은 엄마(Good enough mother)'라는 개념을 통해, 완벽한 엄마가 좋은 엄마가 아님을 말하고 있다. 아이의 모든 필요를 채워주는, 언제나 받아주고 무조건 지지해주는 엄마가 좋은 엄마가 아니라는 뜻이다. 아이가 성장하면서 실망도 하고 적당한 좌절을 맛보게 하는 엄마가 좋은 엄마라는 것이다.

자녀에게 부모의 지지가 필요하다.

그러나 지지에는 경계가 있어야 한다. 물질적으로 지나치게 공급해주는 것은 경계를 넘어가는 것이다. 모든 행동을 경계 없이 지나치게 허용하는 것도 옳지 않다. 좌절을 미리 막아주는 지지도 좋지 않다. 그리고 대신 문제를 해결해주어 아이가 부모에게 의존하도록 하는 것도 경계를 넘어가는 좋지 않은 지지이다.

아이가 자신의 의지로 판단하고 결정할 수 있게 도와야 한다. 결국 세상으로 나가는 마지막 문은 아이 스스로 열어야 하기 때문이다.

# 아이가 꿈꿀 수 있는
# 심리적 공간을 제공하라

"앞을 보지 못하는 사람보다 더 불쌍한 사람은, 꿈이 없는 사람이다."

보지도 듣지도 말하지도 못했던 중증 장애아로 태어났지만 장애를 극복하고 꿈을 이룬 헬렌켈러의 말이다. 눈을 뜨고 있지만 꿈과 비전을 보지 못하는 사람은, 맹인보다 더 불쌍한 삶을 살게 되리라는 의미다.

취업과 진로교육을 위해 학교마다 프로그램이 다양하다. 진로상담과 진로체험 프로그램은 이제 필수 코스이다. 정부에서도 진로실태 조사를 통해 초등학교부터 고등학교까지 학생들의 진로 관심이 어느 정도인지, 진로활동 만족도는 어떤지 등을 분석한다.

학교에서는 물론 부모들도 지대한 관심을 갖고 있는 아이들의 꿈과 미래. 그러나 학교와 상담실에서 만난 학생들은 정작 꿈을 정하지 못하고 있다.

"우리 아이는 왜 꿈이 없을까요? 벌써 고등학생인데 꿈이 없다네요."

한 특성화 고등학교 진로 관련 부모교육에서 만난 엄마가 이해할수 없다는 듯 고개를 가로저었다. 꿈과 목표를 정한 자녀가 있는 분들은 손을 들어보라고 했다. 단지 몇 명뿐이었다.

특성화 고등학교는 어느 정도 진로가 정해진 아이들이 다닌다. 그럼에도 불구하고 많은 아이들이 꿈도, 진로에 대한 확신도 없이 학교생활을 하고 있는 셈이다.

### 꿈이 없는 아이들은 왜 그럴까?

꿈이 없는 아이들. 여러 가지 이유가 있을 것이다. 어린 시절의 꿈이 현실 속에서 좌절했을 수 있다. 막연하게 꿈을 가졌을 뿐 구체적으로 실행해 보지 않은 탓일지도 모른다. 자신의 꿈과 부모의 꿈이 충돌하면서 꿈을 버렸을 수도 있다.

가장 안타까운 것은 처음부터 꿈이 없는 아이들이다. 그들은 왜 하고 싶은 것도 없고, 좋아하는 것도 없는 것일까?

본질적인 원인은 심리적 욕구에 있다. 매슬로우는 인간의 욕구를 5단계로 설명했다.

첫 단계는 인간에게 있어 가장 기본이라 할 수 있는 생리적 욕구다. 따뜻함이나 거주지, 먹을 것을 얻고자 하는 욕구이다. 인간이 빵으로만 사는 것은 아니지만 춥고 배고픈 문제가 해결되지 않는 한다른 욕구는 생기지 않는다.

2단계는 안전에 대한 욕구이다. 일단 생리적 욕구가 어느 정도 충족되면 안전의 욕구가 나타난다. 이 욕구는 신체적 및 감정적인 위협으로부터 보호되고 안전해지기를 바라는 욕구이다.

3단계는 소속과 애정에 관한 욕구이다. 생리적 욕구와 안전 욕구가 충족되면 집단에 소속되고 싶고 구성원으로부터 받아들여지고 싶은 욕구가 강하게 생긴다.

4단계는 존경의 욕구이다. 인간은 어디에 속하려는 욕구가 기대치에 근접한 수준에 이르면 집단에서 단순한 구성원이 아닌 그 이상이 되기를 원한다. 내적으로 외적으로 존경받기 원하는 욕구가 생긴다.

5단계는 자아실현의 욕구이다. 존경의 욕구가 어느 정도 충족되기 시작하면 '나의 능력을 발휘하고 싶다.', '자기계발을 계속하고 싶다.'는 자아실현욕구가 강력하게 나타난다. 이는 자신이 이룰 수 있는 것, 혹은 될 수 있는 것을 성취하려는 욕구이다.

이처럼 인간의 내면에는 많은 욕구들이 있다. 매슬로우의 설명에 의하면 상위욕구는 하위욕구가 충족되었을 때 생겨난다. 즉 1단계 생리적인 욕구가 충족이 된 사람이 2단계, 3단계의 안전과 애정욕구가 생긴다는 것이다.

풍족하게 하고 싶은 것 다 해줬건만 아이가 왜 방황을 하는지 이해할 수 없다고 말하는 부모들. 1단계 욕구의 해결이 관건이었던 우리의 부모 세대는 2단계, 3단계의 욕구를 갈망하지 않았다. 그래서 아이들의 감정적인 안전과 애정에 대한 욕구를 채워주지 못하는 경우가 많았다. 풍족하게 먹이고 입히면 아이를 위해 할 일을 다 했노라 생각했다.

먹고 사는 문제가 해결된 요즘, 아이들은 다음 단계인 안전과 애정욕구에 시달린다. 감정적으로 안전감을 느끼고 가족과 친구들에게 소속감을 느끼고 싶어 한다. 부모의 사랑과 인정을 원한다.

### 애정의 욕구가 채워지지 않으면 꿈꾸지 못한다

사랑받고 싶은 아이의 욕구를 채워주지 못하면, 아이는 다음 단계로 나아가지 못한다. 존경의 욕구, 자아실현의 욕구를 갈망하지 않게 되는 것이다.

존경의 욕구는 내적으로 자존, 자율을 성취하려는 욕구(내적 존경욕구)이다. 외적으로 타인으로부터 관심을 받고, 인정을 받으며, 어떤 지위를 확보하려는 욕구(외적 존경욕구)이다.

자아실현의 욕구는 계속적인 자기 발전을 통하여 성장하고, 자신의 잠재력을 극대화하여 자아를 완성시키려는 욕구이다.

자신의 미래를 꿈꾸고 그 꿈을 향해 나아가는 것은 이러한 상위 욕구를 향한 갈망이다. 사랑받고 싶은 욕구, 소속되고 싶은 욕구가 채워지지 않으면, 아이들은 그 자리에서 멈춘다. 다음 욕구를 추구할 여력이 없다. 당장의 욕구에 매달려 에너지를 다 써버린다. 꿈을 찾고 미래를 계획하는 일에 쓸 에너지가 더 이상 없다. 즉, 꿈이 없는 아이가 되는 것이다.

꿈을 갖는다는 것은 자신에 대해 관심을 갖는다는 의미다.

나는 누구지?

나는 뭘 좋아하지?

내가 하고 싶은 건 뭐지?

나는 언제 행복하지?

난 이런 일을 할 능력이 있나?

이러한 의문들을 스스로에게 제기하는 것이다. 자신과 본격적으로 대화를 시작한 셈이다.

자신에 대한 관심은 마음의 여유가 있어야 생긴다. 예컨대 부모의 학대에서 피하기 위해 고심해야 하는 아이는 자신에 대해 생각할 여유가 없다. 부모의 사랑을 확인받기 위해 에너지를 쓰고 있다면 미래를 꿈꿀 수 없다. 지금 당면한 과제를 먼저 풀어야 되기 때문이다.

소속감과 애정욕구와 같은 '감정적 욕구'를 채워준다면, 아이는 자연스럽게 다음 단계의 욕구를 추구한다. 부모의 사랑과 지지로 안전감이 느껴질 때, 아이는 비로소 자신에게 관심을 갖게 된다. 하고 싶은 것이 무엇인지 구체적으로 생각한다. 관심이 가는 분야가 무엇인지, 눈을 들어 세상을 바라볼 것이다.

'감정적인 욕구'는 감정을 알아줄 때 채워진다. 아이의 감정을 있는 그대로 인정해줄 때, 아이는 사랑받고 존중받고 있다고 느낀다. 따라서 아이의 마음 알아주기에 실패하면 꿈이 없는 아이가 된다. 아이에게 꿈을 심어주려면 직업 탐색의 과정보다 앞서 아이의 마음을 알아주려는 노력이 중요하다.

"너는 왜 꿈이 없니?"
"노력은 안 하면서 꿈만 크네."
"너 지금 하는 걸로는 어림도 없어."
"겨우 그런 게 네 꿈이야? 정말 한심하다."
"무슨 꿈이 그렇게 자주 바뀌니?"

이런 말들은 아이의 꿈을 죽이는 말들이다. 꿈은 부모가 대신 심어줄 수 없다. 부모가 강요하는 꿈은 아이를 힘들게 만든다. 중도에 포기하거나 좌절하게 된다. 최고의 능력을 발휘할 수도 없다.

부모는 아이가 스스로 꿈꿀 수 있도록 심리적 공간을 제공해야 한다. 다양한 기회를 줄 수 있다. 그러나 결국 스스로 꿈을 찾을 때까지 격려하며 기다려야 한다.

"아직 하고 싶은 것을 못 찾았구나."
"그래, 꿈은 크게 가지라고 했어."
"그 꿈을 이루려면 뭐가 필요할까?"
"우리 아들의 관심이 거기에 있었구나."

"하고 싶은 게 많구나, 꿈이 자주 바뀌는 걸 보니."

이렇게 바꿔서 말해주면 좋다. 꿈이 없는 아이라면, 부모가 꿈을 일깨워주는 말을 해 줄 수 있다.

"너는 뭐할 때 기분이 제일 좋아?"
"네가 생각할 때 너는 뭘 잘하는 거 같아?"
"친구들이 너한테 뭘 잘한다고 말하니?"
"짜증나고 하기 싫은 일은 뭐야?"
"요즘 닮고 싶은 사람 있어?"
"20년 후에 뭐 하고 있을 거 같아?"

아이가 대답을 하면서 스스로를 생각하게 될 것이다. 자신에 대해 관심을 가지기 시작하는 것이 꿈을 찾는 첫걸음이다.

아이가 스스로 할 수 없다면, 부모가 '자신에 대한 관심'의 문을 열어주는 것으로 충분하다. 문 밖으로 발을 내밀어 나가는 것은 결국 아이의 자발적 선택이다.

# 내 아이의 숨겨진 재능 찾기

나의 유학생활에 맞춰 아이도 미국에서 공부를 했다.

아이는 공부를 잘 하는 편이 아니었다. 공부를 잘 하려면 성실해야 한다. 특히 미국에서는 성실치 못하면 절대로 좋은 점수를 얻을 수 없다.

학기 초 과목마다 숙제는 몇 프로, 퀴즈와 시험은 몇 프로씩 반영된다고 점수 배분표가 나온다. 숙제 몇 개만 빼먹으면 점수는 사정없이 떨어져 퀴즈와 시험을 아무리 잘 봐도 회복하기 어렵다.

아이의 성적은 좋아하는 과목과 싫어하는 과목의 차이가 너무 뚜렷했다. 싫어하는 과목에 대해서는 장차 써먹을 일도 없는데 왜 공부해야 하느냐고 토를 달았다. 부모가 원하는, 공부 잘 하는 아이가 되기는 틀린 셈이었다.

아이가 좋아하고 잘 할 수 있는 게 무엇일까? 아이를 지켜보며 고민했다.

초등학교 내내 아이의 꿈은 축구 선수였다. 커뮤니티에서 하는 축구팀에 넣어주었다. 몹시 좋아했지만 잘하지는 못했다. 1년이 넘어서니 점차 시들해졌다.

중학생이 되자 노래를 좋아했다. 샤워하러 들어가면서도 노래를 틀어놓을 만큼 거의 종일 노래를 들었다. 한국 가요에서부터 미국 노래까지, 모든 노래에 흥미를 보였다. 음악과 관련된 일을 하고 싶다고 말하기도 했다. 그러나 음악적 재능은 보이지 않았다. 일찌감치 첼로를 시작했지만 그다지 흥미를 느끼지도 잘 하지도 못했다. 내 편에서 먼저 포기했다.

어느 날 기타를 사달라고 했다. 그 후 혼자서 기타를 익히더니 꽤 솜씨 좋게 연주했다. 고등학교 오케스트라 팀에서 콘트라베이스를 연주했다. 콘트라베이스를 가르친 적도 없는데 어떻게 연주하느냐고 물었다. 베이스 기타 코드랑 비슷하고 첼로를 했으니까 별 어려움이 없다고 했다. 음악적 재능이 없다고 생각한 건 섣부른 나의 판단이었던 셈이다.

에세이를 잘 쓴다는 말이 종종 들려왔다. 한국 아이들이 가장 힘들어하고 점수 받기 어려운 것이 작문 부분이다. 아무래도 자기 나라 말이 아니므로 어휘력에서 한계가 있기 때문이다. 공부를 열심히 하지 않는 아들이 어휘력이 뛰어났을 리 없다. 그런데도 가끔 에세이에서 높은 평가를 받아오는 것을 보면 글을 엮어가는 힘이 있었던 셈이다.

과제물로 제출하는 프로젝트를 꾸미는 부분에서는 깜짝 놀랄 만큼 소질을 발휘할 때가 있었다. 성실하지 않은 아들은 이렇게 불쑥불쑥 재능을 나타냈다. 스스로 흥미를 느끼는 분야에서는.

음악과 글과 디자인과 사진, 아이의 흥미와 감각이 보이는 분야였다. 고민 끝에 촬영과 영상 편집을 권했다. 이것이 아이의 적성에 절묘하게 들어맞았다. 아이는 촬영과 편집하는 과정을 빠르게 습득했고, 즐겁게 빠져들기 시작했다. 학교에서 미디어 팀에 들어가 뉴스 제작 등 주요 파트를 담당하게 되었다.

아이는 영화로 장래의 길을 정했다. 자기가 즐겁게 잘 할 수 있는 분야를 찾은 것이다. 대학에서 영화를 공부했다. 지금은 할리우드에서 열심히 성장하고 있다.

아이는 영화 찍는 현장에 있을 때 가장 즐겁고 설렌다고 한다. 힘든 줄 모르고 날아다닌다고 한다.

"엄마가 영상을 경험하게 해준 건 내 인생 최고로 감사한 일이에요. 처음 영상을 접했는데 내가 생각보다 잘하더라고요. 자신감도 생기고 신이 났어요."

고등학교 다니는 동안 공부에서 좋은 결과를 내지 못한 아이. 나의 인정을 받지 못했고 자존감이 떨어져 있었다. 마침내 좋아하는 분야를 찾았고 열의를 보였다. 결과가 좋은 건 당연했다.

아이는 자신에 대한 평가를 다시 내리기 시작했다.

'나에게도 능력이 있구나, 나도 잘 할 수 있구나, 나도 괜찮은 사람이구나.'

아이는 이제 더 실력 있는 사람이 되려고 애쓴다. 공부로 인해 낮아진 자존감은 완전히 회복되었다.

## 재능을 발견하면 자존감이 올라간다

재능을 찾아주는 것은, 단순히 미래의 설계에 머물지 않는다. 더 높고 숭고한 의미가 있다. 바로, 아이의 자존감을 높여주는 길이다.

'행복은 성적순이 아니다.'

어느 부모나 알고 있는 사실이다. 그럼에도 부모는 아이의 성적에 집착한다. 성적이 행복을 보장해 주지 못하지만 기회를 제공해 준다고 믿기 때문이다.

아주 어긋난 믿음은 아니다. 그러나 아이의 성적이 부모의 기대와 믿음을 따라주지 못한다면 어쩔 것인가.

공부를 잘 하는 아이는 아주 적다. 1등 하는 아이는 전체 학생 중에서 한 명 뿐이다. 성적 우수자도 소수에 불과하다. 나머지 학생들은 그저 중간쯤이거나 공부 못하는 아이라는 꼬리표를 달고 성장한다.

한 가지 재능이라도 가지지 않은 아이는 없다. 부모가 성적이라는 유일한 잣대로 아이를 평가하지 않는다면, 아직 제대로 드러나지 못한 아이의 재능을 찾아낼 수 있다.

먼저 아이의 흥미와 관심 분야에 주목하라. 재능은 타고나는 것이 아니다. 재능은 흥미와 관심의 땅에서 자라나는 나무이다. 아이가 어느 분야에 흥미와 관심을 갖는지를 살피고, 다양한 것을 경험하도록 기회를 줄 필요가 있다. 아이의 흥미와 관심에 따라 여러 가지를 시도하다보면 아이의 재능과 잠재능력을 발견하게 된다.

## 아이에게는 반드시 남다른 재능이 있다

어린 시절 소풍을 가면 항상 우리를 들뜨게 했던 '보물찾기'를 생각해보자. 우리는 선생님이 숨겨놓은 보물을 찾기 위해 근처 야산을 샅샅이 뒤지고 다녔다. 나무 밑동부터 덤불속까지 뒤집어보고 파헤쳐보고 눈을 크게 뜨고 돌아다녔다. 선생님이 반드시 보물을 숨겨놓았다고 믿기 때문에 당장 눈에 보이지 않아도 열심히 찾아다녔던 것이다.

아이의 재능도 '보물찾기'와 같다.

아이의 보물 같은 재능은 반드시 존재한다. 부모는 우리 아이에게도 재능이 있다는 사실을 믿고 열심히 찾아갈 수 있도록 도와주어야 한다. 아이가 정말 좋아하는 한 가지를 발견한다면, 아이의 열정은 자연스럽게 드러난다. 그 길을 위해 공부가 필요하다고 판단하면 아이는 스스로 공부에도 열심을 보일 것이다.

70세가 넘은 나이에 붓을 든 미국의 한 할머니가 있다. 이름은 모제스. 그랜마 모제스라고 불리는 미술가이다.

미술대학을 졸업한 것도 아니었고 그림을 그려본 적도 없었다. 가난한 집안 형편에 10형제 속에서 제대로 공부를 할 기회조차 없었다. 그저 그림 그리는 것을 좋아해 사과, 딸기, 복숭아 등 과일즙을 붓에 묻혀 그림을 그리곤 했다.

남편과 사별한 후 76세의 나이에 할머니는 딸과 함께 살게 되었다. 그때 처음으로 손녀의 물감을 사용해 그림을 그렸다. 이후 할머니는 매일매일 그림을 그렸다. 할머니의 그림이 우연한 기회에 미술 기획자의 눈에 띄어 전시회를 열게 되었다.

할머니의 따뜻한 그림은 미국인들의 사랑을 받았다. 1949년 트루먼 대통령이 주는 여성프레스클럽상을 수상하기도 했다. 현재 그랜마 모제스의 그림은 뉴욕 메트로폴리탄 미술관, 파리의 국립 근대 미술관, 모스크바의 푸시킨 미술관 등에 전시되어 있다. 그랜마 모제스는 101세에 세상을 떠나기까지 무려 1,600여점의 그림을 남겼다.

### 하고 싶은 일을 하면, 잘할 수 있다

하고 싶은 일을 하고, 잘할 수 있는 일을 하면 행복하다. 또 값진 열매를 맺을 수도 있다. 80세를 바라보는 나이에 그림을 시작했지만 세계 미술사에 한 획을 그은 화가 모제스 할머니의 경우처럼 말이다.

할머니가 그림을 그리기 시작했을 때는 관절염으로 더 이상 뜨개질과 수놓기조차 할 수 없게 되었을 때이다. 딸은 어머니가 걱정스러웠다. 성치 않은 몸으로 매일 쪼그리고 앉아 그림을 그렸기 때문이다.

"힘든데 무슨 그림을 그린다고 그러세요? 그냥 편히 쉬시지요."

딸의 힐난 섞인 말에 할머니는 대꾸했다.

"나는 쉬는 것보다 그림 그리는 게 더 행복하단다."

그랜마 모제스의 마지막 30년은 참으로 풍요롭고 행복했을 것이다. 몸이 아파도 나이가 많아도 하고 싶은 일을 하면서 살 수 있었기 때문이다.

4차 산업혁명 시대, 교육의 패러다임이 바뀌었다.

지식을 받아들이고 암기하는 교육이 아니라 정보를 찾고 활용하는 교육이 필요하다. 필요한 정보는 이미 어디에나 있다. 구태여 암기하지 않아도 인터넷을 통해 쉽게 얻을 수 있는 시대가 되었다. 자기에게 필요한 정보를 찾고 그 정보를 활용해 자신의 것을 만들어내는 것이 중요하다.

창조와 융합, 네트워크가 성공의 기준이 되는 시대가 되었다. 이 모든 요소들이 발휘되는데 필요한 근간이 있다. 바로 자존감이다. 자존감이 높아야 창의적 사고를 하며 협업이 가능해지기 때문이다.

공부만을 강요할 때 아이들은 자존감이 낮아진다. 재능을 발견하고 기회를 주는 것이 자녀의 자존감을 높이는 길이다. 특히 새로운 시대의 교육에 주목할 때, 아이의 재능을 찾아줌으로 자존감을 올려주는 뒷받침이 필요하다.

# 심판하지 말고 변호하라

"잘 놀다가도 하루 몇 번씩 싸워요. 한 아이 말을 들어주면 다른 아이가 억울해하니 어째야 좋을지 모르겠어요."

두 아이를 기르는 엄마의 하소연이었다.

아침에 일어난 동생이 장난감 부엌놀이 세트를 만들어서 문 앞에 놓고 아빠를 깨우러 들어갔다. 그 사이 오빠가 일어나 그 장난감 세트를 가지고 놀았던 모양이다. 갑자기 동생의 날카로운 울음소리가 들렸다.

"엄마, 오빠가 내 부엌놀이 망가뜨렸어요. 난 몰라."

당황한 아들은 서둘러 항변했다.

"내가 그런 거 아니야. 원래부터 그렇게 되어 있었어."

"아니야. 오빠가 만졌잖아."

"아니거든. 내가 안 만졌어."

옥신각신 아이들의 말싸움으로 집안이 시끄러워졌다. 엄마는 아침부터 징징대는 아이들의 목소리에 짜증이 났다. 자신이 옳고 상대방이 틀렸다고 악을 써대는 아이들의 이기적인 모습에 화가 났다. 너무 자주 싸워대는 아이들을 볼 때마다 형제간 우애가 없는 것 같아 걱정스러웠다.

아이들에게 싸우지 말라고 소리를 지르고 싶었지만 마음을 가다듬었다. 그리고 울고 있는 동생에게 말했다.

"지수야 오빠가 안 만졌대, 그리고 일부러 그런 것도 아니잖아."

그러나 동생은 막무가내였다. 달래도 듣지 않는 아이에게 엄마는 결국 화를 내고 말았다.

"오빠가 만지면 안 돼? 같이 놀라고 사준거지 꼭 너 혼자만 놀아야 해? 그리고 오빠는 우리 가족인데 뭐든지 같이 써야 하는 거야."

아이의 울음은 30분이 넘게 그치지 않았다. 오빠에게 억지 사과를 시켰고, 아빠가 달래준 후에야 상황이 종료되었다.

과연 상황은 종료되었을까?

해결되지 않은 무엇이 있다. 바로 지수의 마음이다.

지수의 긴 울음은 고집스러운 성격 때문이 아니다. 지수의 마음을 알아주지 못한 엄마에 대한 서운함이고, 엄마의 지지를 받은 오빠에 대한 질투심이다.

엄마는 지수의 오해를 풀어주려고 오빠가 안 만졌고, 또 만졌다 해도 일부러 그런 게 아니라고 말했다. 지수에게 그 내용은 들리지 않았다. 엄마가 오빠 편을 들고 있다는 것으로만 느껴졌다. 엄마는 가족이니까 모든 것을 오빠와 함께 공유해야 한다고 설명했다. 그마

저도 지수는 오빠를 두둔하는 말로 받아들였다.

엄마는 어떻게 했어야 할까?

장난감을 망가뜨렸다고 일렀을 때, 엄마는 지수의 속상한 마음을 알아주었어야 했다.

"저런, 어쩌나, 지수가 아침부터 공들여 만들었는데 망가졌네, 속상하겠다."

속상한 마음을 알아주면 아이는 곧 감정을 정리한다. 엄마는 아이의 감정이 가라앉을 때까지 기다려준다. 그 후에 이제 어떻게 할 것인가를 물어본다. 그러면 아이는 다시 만들 것인지, 다른 것을 가지고 놀 것인지를 스스로 결정하게 될 것이다.

동생 마음을 알아주고 있자면 오빠가 끼어들 수 있다.

"내가 안 그랬다니까, 내가 망가뜨린 거 아니에요."

엄마가 동생 편을 들어주고 자신을 책망하는 것 같은 불안감에 오빠가 항변하게 된다. 그럴 때 엄마는 역시 오빠의 마음도 알아주면 된다.

"그랬어? 네가 망가뜨리지 않았구나. 네가 안했는데 동생이 망가뜨렸다고 해서 억울했구나."

딸의 마음도 알아주고 아들의 마음도 알아주는 것. 마치 모순으로 보인다. 두 아이를 다 옳다고 말할 수 없기 때문이다. 그러나 '마음을 알아주는 것'과 '옳다고 말하는 것'은 다르다. 옳지 않아도 아이의 입장에서는 억울할 수 있음을 알아주는 것이다. 각자의 마음을 알아주면 아이들은 스스로 판단한다. 엄마의 사랑을 확인하고 나면 미안하다고 말할 용기도 생긴다. 억지로 사과하라고 시키지 않아도 아이들은 금방 화해하고 놀게 된다.

### 두 아이를 만족시키는 판결은 오직 공감

영유아 시기에는 형제 사이에 잦은 말다툼이 일어난다. 엄마는 순식간에 재판관이 되어야 하는 상황에 놓인다. 누가 잘못했는지를 판단해준다. 억지로 사과를 시킨다. 그리고 사이좋게 놀라는 판결을 내린다.

엄마는 지혜로운 재판관이 될 수 있을까?

엄마의 판결이 내용적인 면에서는 공정할지 모른다. 하지만 아이들의 감정 면에서는 불공정하다. 잘못한 사람도 나름대로의 이유가 있다.

삐아제는 2~7세를 전조작기로 분류했다. 문제를 풀거나 논리적인 사고를 할 때 여러 가지의 조작적 사고를 할 수 없기 때문이다. 이 시기는 상징적 사고, 자기중심성, 중심화, 물활론적 사고 등의 특성이 나타난다.

발달의 단계상 유아기는 자기중심적인 사고가 지배한다. 자기 입장에서만 사물을 보려 한다. 다른 사람의 생각이나 감정을 충분히 이해하지 못하고, 자신과 동일하다고 가정한다.

영유아시기의 아이들은 엄마의 공정한 판단을 받아들이지 못한다. 상대방 편을 들어주는 엄마에 대한 서운함과 질투심만이 느껴질 뿐이다. 엄마가 자신을 사랑하지 않는다는 허전함만 전달될 뿐이다.

사이좋게 놀아야 한다는 교훈은 말로 해서 되지 않는다. 아이의 마음을 알아주고 인정해주면 아이들은 저절로 사이좋게 논다.

따라서 아이들의 다툼에 부모는 '사실'에 개입할 것이 아니다. '감정'에 개입하는 것이 현명하다. 공정한 판단보다 더 중요한 것은 마음을 알아주는 것이다.

재판관이 되지 말고 마음의 지지자가 되라.

# 선생님놀이의 효과

"우리 아이는 항상 누구를 가르치려 들어요. 어려서는 인형을 앞혀놓고 선생님 놀이를 하더니, 요새는 말도 못하는 어린 동생을 앞혀놓고 뭘 그렇게 가르치는지...... 친구들한테도 저러다가 왕따가되면 어떡해요."

연숙씨가 조심스럽게 물었다. 연숙씨는 말수가 적다. 교육을 받는 그룹 안에서도 주로 듣는 편이었고, 자신의 이야기를 앞서 내어놓지는 않는다. 먼저 질문을 던지는 걸 보니 걱정이 많았던 모양이다.

"딸이 천재 학습법을 터득했는데요."

"네?"

연숙씨는 눈을 동그랗게 뜨고 나를 바라보았다.

여자가 나서면 안 된다는 아버지의 신념을 물려받은 연숙씨. 딸이 가르치는 것을 좋아하는 모습이 걱정스러웠다. 앞에 나서면 사람들이 싫어할 것 같았다. 그녀는 잘난 척 하는 사람을 누가 좋아하겠느냐고 말했다.

"가르치는 것과 잘난 척 하는 것은 다릅니다. 아이는 누군가에게 자신이 알고 있는 것을 설명하는 걸 좋아하네요. 재미있게 여기고 있어요. 절대로 막지 마세요. 오히려 잘 들어주세요."

이해하지 못하는 연숙씨에게 선생님 놀이의 좋은 점에 대해 설명했다.

선생님 놀이는 자신의 생각과 지식을 말로 표현하는 연습이 된다. 정서적으로도, 학습 면에서도 아이의 성장에 도움이 된다.

정서적으로, 이 놀이는 아이의 자신감을 높여준다. 말에는 힘이 있다. 자신의 생각을 계속해서 말하다 보면 아이는 자신감이 생긴다. 특히 누군가를 앞혀놓고 가르치는 선생님 놀이는 대중 앞에서 하는 연설과 같다. 유아 시절에 이런 놀이를 통해 자신감과 리더십을 향상시킬 수 있다.

학습적인 면에서는 더욱 놀라운 효과가 있다. 누군가를 가르치면서 메타인지가 상승하는 결과를 가져온다.

EBS에서 '학교란 무엇인가'라는 다큐멘터리를 방영했다. 그 중 '0.1%의 비밀' 편에서 우리나라 전국 최상위 0.1% 학생에 대한 전수조사를 실시했다. 전국 164개 고등학교 1300명 대상으로 전체 0.1% 학생을 선별했다.

그 중 최상위 3명의 학습법을 소개했는데 두 명의 학생이 인상적이었다.

해우는 잘 이해가 되지 않는 부분이 나오면 엄마를 앉혀놓고 선생님놀이를 한다. 엄마 앞에서 칠판에 판서를 하며 내용을 설명하는 것이다. 엄마는 단 한 명의 학생이 되고 해우는 선생님이 되어 공부한 내용을 정리한다.

다른 한 명인 태화는 반장이다. 야간자율학습 시간에 교탁 위에서 공부를 한다. 친구들이 모르는 문제를 들고 반장에게 나오면 설명을 해준다.

공부 시간을 빼앗기는 거 아니냐고 묻자 이렇게 말한다.

"오히려 애들이 물어보는 거 가르쳐주면서 개념이 잡히기도 하고, 제가 미처 생각하지 못했던 부분도 알게 돼서 좋아요."

이 두 학생의 공부법은 메타인지를 활용한 것이다.


### 메타인지 향상시키는 선생님놀이

메타인지란 나의 생각을 바라보는 또 하나의 눈이다. '최상의 인지', '초월의 인지'라는 뜻이다. 즉 자신이 아는 것과 모르는 것을 구분할 줄 아는 힘, 진짜 능력을 말한다. 내가 아는 것과 안다고 착각하는 것을 파악하는 능력이다

메타인지라는 단어를 처음 사용한 플라벨(J. H. Flavell)은 메타인지가 무엇인가에 관해 다음과 같이 말했다.

"메타인지는 한 인간 고유의 인지 과정뿐만 아니라 그와 관련된 것들에 대한 지식을 가리킨다. 가령 내가 A를 학습하는데, B를 학습

할 때보다 더 어려움을 느낀다는 것을 알아채는 것, C를 사실로 받아들이기 전에 다시 한 번 확인해 봐야겠다는 생각이 번뜩 떠오른다면, 바로 그게 메타인지의 작동인 것이다."

강의를 들으면 우리는 흔히 모든 내용을 이해했다고 생각한다. 그러나 들은 내용을 설명하려고 하면 그 중 일부만을 말할 수 있다. 안다는 것은 관련 내용을 남에게 설명할 수 있는 지식이다. 아는 만큼만 설명할 수 있다.

설명을 하다보면 내가 아는 것과 모르는 것이 구분된다. 필요한 것과 필요 없는 것이 파악된다. 메타인지가 작동하기 때문이다. 자신이 무엇을 알고 모르는지에 대해 아는 것에서부터 자신이 모르는 부분을 보완하기 위한 계획, 그 계획의 실행과정을 평가하는 것에 이르는 과정이 메타인지인 셈이다.

엄마를 앉혀놓고 자기공부를 했던 해우, 친구들의 질문을 풀어줬던 태화. 모두 메타인지를 활용하는 공부법을 사용하고 있었다. 말로 설명하는 과정을 통해 자신이 알고 있는 것과 모르는 것을 인지했고, 모르는 부분을 보완해 갔던 것이다.


EBS에서 또 다른 실험을 했다.

대학생 두 집단에게 똑같은 분량의 학습 내용을 주었다. 그리고 3시간 후에 시험을 보겠다고 했다. 한 집단은 혼자 공부하도록 했다. 조용한 공부방이다. 다른 한 집단은 그룹을 지어 말로 설명하고 토론하는 방식으로 공부를 하도록 했다. 말하는 공부방이다.

3시간 후의 시험 결과는 어떠했을까? 단답형, 수능형, 서술형 문제 모두 말하는 공부방이 2배나 가까이 높은 점수를 받았다. 이 역시 메타인지의 사용이다.

## 가르치면서 놀게 하라

'미국대학 공부법'이라는 책을 쓴 수잔 디렌데교수는 "자기의 생각을 말하면 알지 못했던 것들이 명확해진다."고 했다.

"논리적인 말이 아니어도 좋다. 뭐라도 말을 하라. 그러면 점점 더 명확해 진다."

그녀는 말하는 공부법의 효과를 강조한다.

다양한 학습법으로 공부를 한 후 24시간이 지났을 때, 각각 얼마나 기억 속에 남아 있는지를 분석한 데이터가 있다. 이 학습피라미드 데이터에 의하면 강의 듣기는 5%, 읽기는 10%가 남는다. 가장 높은 비율인 90%가 남는 학습법은 남을 가르치기, 서로 설명하기인 것으로 나타난다. 유아기의 선생님 놀이는 바로 이런 학습효과를 가져오는 놀이다.

설명을 들은 연숙씨의 얼굴에 미소가 번졌다. 이제부터는 더 흥미롭게 아이의 가르침을 들어줘야겠다고 말했다.

아이에게 말로 표현하는 기회를 주어야 한다. 학교에서 돌아오면 배운 내용을 설명해 달라고 부탁한다. 엄마가 바쁘면 동생에게 설명해주라고 임무를 주는 것도 좋다. 동생을 가르치다가 종종 싸우기도 한다. 그럴 때는 가르치는 사람과 듣는 사람이 지켜야할 규칙을 세우면 된다. 강아지에게라도, 인형을 두고라도 아이가 아는 것을 설명할 수 있도록 기회를 주라.

이와 같이 선생님 놀이는 아이에게 유익하다. 자신감을 준다. 대상을 두고 말하는 것이 훈련되어 누구 앞에서도 자신 있게 말할 수 있게 된다. 리더십에도 도움이 된다. 누군가를 가르치고 이끄는 경험이 자연스럽게 리더십으로 연결되기 때문이다.

사고력과 학습능력의 향상에도 공헌한다. 아이는 자신이 아는 지식을 말하면서 정리한다. 아는 것과 모르는 것을 구분하며, 모르는 것에 대한 호기심을 갖게 된다. 메타인지가 작동하는 것이다. 이것은 자연스럽게 학습 능력 향상으로 이어진다.

말을 하면 귀가 듣는다. 논리적이 아니어도 좋다. 자기가 한 말을 귀로 들으면 지식은 배가 된다. 메타인지가 상승하여 공부를 잘할 수 있게 된다.

자녀의 가르침을 흥미롭게 들어주는 엄마가 되자.

# 엄마라는 안전지대에서 도전지대로 보내라

"수업하는 동안 안 받았더니 문자가 100통은 온 거 같아요."

교육이 끝나갈 무렵 미란씨가 한숨을 쉬며 말했다.

"제가 집을 비우면 애가 이렇게 전화를 하고 문자를 한답니다. 제가 오늘 교육 있다고 말을 하고 왔는데도 그래요."

미란씨의 딸 은서는 초등학교 4학년.

엄마보다 친구가 좋을 나이가 되었는데 은서는 늘 엄마를 찾는다. 겁이 많아서 혼자 집에 있지 못한다. 밤이 되면 불을 켜두어도 자기 방에 혼자 들어가지 못한다.

미란씨의 부탁으로 상담실에서 은서를 만났다.

"나는 엄마의 인생을 살고 있어요. 내가 내 인생을 사는 것 같지가 않아요."

은서의 말이었다. 12살 아이의 입에서 나올 법한 말이 아니다. 엄마에게 매달리는 어린아이 같을 거라는 선입견과 달랐다. 은서는 나이에 비해 성숙했다. 키도 크고  태도도 의젓했다.

은서는 자기 멋대로 행동하는 친구가 부럽다. 친구는 위아래 색 깔이 안 맞는 촌스러운 옷을 입고, 옷과 전혀 어울리지 않는 이상한 머리핀을 하고 다닌다. 그런데도 당당한 그 아이가 왠지 멋있어 보이고 좋아 보인다.

한 번은 친구 집에 놀러갔다. 친구가 라면을 끓여먹자고 했다. 친구는 모든 일을 척척 해냈다. 친구가 너무 부러워서 집으로 돌아와 한참을 울었다고 했다.

"나는 엄마 인생을 사는데, 애들은 자기 인생을 사는 거잖아요. 엄마가 머리를 묶어주고, 엄마가 주는 옷을 입고, 엄마가 다 해줘요. 나는 할 줄 아는 게 하나도 없어요."

은서는 이렇듯 수준 높은 말을 하는 어른스러운 면을 지녔다. 그러나 정작 무서워서 혼자 자기 방에 들어가지도 못한다. 불안해서 엄마의 곁을 벗어날 수 없다. 밤이 되면 엄마에게 간지럼을 태워달라고 하면서 아기 흉내를 낸다. 인형을 줄지어 세워놓고 엄마에게 아가 역할을 하라고 졸라댄다.

외향과는 달리 아이의 내면에는 불안한 어린아이가 자리하고 있었다. 사고의 수준이나 학습의 수준이 떨어지지도 않았다. 그럼에도 스스로 할 줄 아는 게 하나도 없다고 말했다. 자존감이 지독히 낮은 경우였다.

이유는 무엇일까. 미란씨의 삶이 아이와 밀착되어 있기 때문이다.

미란씨는 늦게 낳은 딸을 잘 기르려고 열심을 다하고 있었다. 딸의 모든 일상이 궁금했다. 아이의 소소한 문제나 감정까지도 묻고 해결해주었다. 아이는 그럴수록 더 작은 일까지도 엄마에게 의존했다. 혼자 생각하고 판단하는데 두려움을 느꼈다.

엄마는 아이가 할 일을 모두 대신 해주었다. 실수하면서 배울 기회를 주지 않았다. 아무것도 할 줄 모르는 아이로 만들었다. 지나치게 보살펴서 아이가 자신을 믿을 수 없게 했다. 엄마에게 매달리고 세상으로 나가지 못하게 했다.


### 아이를 꼭두각시로 만드는 방법

아이를 완벽하게 돌봐주는 것은 최선을 다해 아이를 꼭두각시로 만드는 꼴이다.

이런 유형의 엄마들은 대개 불안하다. 아이가 실패할까봐 엄마는 불안하다. 실수를 미리 막아준다. 대신 힘든 일을 처리해 준다. 엄마의 불안이 아이를 불안하게 한다. 아이는 엄마라는 안전지대에 갇힌다. 엄마를 벗어나 도전지대로 나아가야 하는데 아이는 두렵다. 엄마의 꼭두각시가 되는 길을 선택한다.

꼭두각시가 된 아이들은 열등감에 시달린다. 자존감이 낮다. 자신의 능력으로 무엇인가 이룬 경험이 없기에 스스로를 과소평가한다. 자신감이 없는 것이다.

많은 연구 결과에서 부모의 과잉 보호 아래 자란 아이는 끈기와 독립심, 자립심, 회복탄력성, 문제해결 능력 등에서 낮은 점수를 받는 것으로 나타난다. 대인관계, 사회생활에도 어려움을 겪는다. 끊임없는 자극과 오락을 필요로 한다. 스트레스, 섭식장애, 과소비, 우울증 등에도 취약하다.

사랑과 애착으로 자녀를 돌보는 것만큼 중요한 것이 있다. 바로, 분리와 독립을 돕는 것이다.

부모가 언제까지나 아이를 보호해 줄 수는 없다. 세상은 불공정하고 때론 위험하다. 자신의 삶을 개척해갈 수 있으려면 어려서부터 도전과 실패를 경험해야 한다. 개입하고 간섭하고 싶은 욕구를 누르고 아이의 독립을 응원해야 한다.

### 아이를 도전지대로 보내기 실습

미국에 간지 1년 되던 해 여름방학이었다.

아들은 초등학교 6학년이었다. 미국의 긴 여름방학을 알차게 보내기 위해 캠프를 계획했다. 친구 엄마와 상의해 YMCA에서 하는 일주일 캠프에 함께 보내기로 했다. 아이도 친구와 함께 간다고 하니 좋다고 했다. 그런데 갑자기 아이의 친구가 갈 수 없게 되었다.

친구도 없고, 언어도 완벽하지 않은데 혼자 갈 수 있을까?

마음이 무거웠다. 아이와 상의를 했다. 의외로 아이는 혼자 가겠다고 했다. 막상 날짜가 다가오니 아이도 나도 불안해지기 시작했다. 일주일이나 되는 긴 시간을 혼자서 다녀올 수 있을지 걱정이었다.

그래도 감행하기로 했다. 아이가 엄마와 분리되어 혼자 강해지는 기회일 듯했다. 엄마인 나 역시 아이에 대한 불안을 극복하는 계기로 여겼다.

출발 당일, 집에서 1시간이나 떨어진 낯선 동네의 집합 장소로 아이를 데리고 갔다. 한국 아이는 단 한명도 볼 수 없었다. 대부분 무리지어 온 아이들이었고, 벌써부터 신이 나서 뛰어다니고 있었다.

아이가 조를 배정받는 동안 내내 불안했다. 친구 하나 없는 곳에 아이를 떼어놓고 올 생각을 하니 마음이 착잡했다.

그때, 나는 또 앞서서 아이의 삶에 개입하는 실수를 저질렀다.

같은 방으로 배정된 두 명의 남자 아이가 눈에 들어왔다. 나는 그 아이들이 같은 조니까 미리 인사도 하고 친구가 되면 좋겠다는 생각이 들었다. 다가가서 인사를 했다. 어설픈 영어로 말했다.

"You guys are same team, friends"

문법도 안 맞고 자연스럽지도 않은 한국식 영어로, 너희들 내 아들하고 같은 조니까 친구하라고 말한 것이었다.

그때 아들이 지었던 그 황당한 표정을 잊을 수가 없다. 엄마가 창피해 죽겠다는, 바로 그 표정이었다.

아이가 말했다.

"내가 알아서 할 건데 왜 그래? 쟤들이 나를 얼마나 한심하게 보겠어?"

나는 또 실패를 한 셈이었다. 아이가 잘할 수 있다는 걸 믿지 못했다. 스스로 극복해내야 할 일이라는 것을 인정하지 않았다. 나의 불안을 해소하려 기다리지 못했고, 인내하지 않았으며, 결국 아이에게 부끄러운 엄마가 되었다.

일주일 후 우리가 다시 만났을 때, 아들도 나도 많이 성장한 기분이었다. 아이는 자기 방법으로 그 아이들과 친해져 잘 지냈다고 했다. 일주일 동안 있었던 일을 무용담처럼 이야기했다. 아이는 좀 더 강해졌고, 자신감의 키도 훌쩍 자라 있었다.

성장은 엄마인 나에게도 있었다. 아이가 없는 동안 스스로를 돌아보았다. 아이와 거리를 두는 법을 배우기 시작했다.

아이에게서 한 발짝 물러서니 아이가 다르게 보이기 시작했다.

밀착되어 있을 때, 아이가 나였고 내가 아이였다. 아이의 기질과 생각이 나와 다르다는 것을 미처 생각하지 못했다. 내가 좋으면 아이에게도 좋다고 생각했다. 아이에게 물어보지도 않은 채 내 생각대로 좋은 것을 주었다. 막상 물러서서 보니, 아이가 보였다. 아이가 나와 많이 다르다는 것을 알게 되었다.


### 아이를 위해 아이와 거리두기

아이의 일거수일투족을 감시하고 간섭하는 부모를 '헬리콥터 부모'라고 한다. 콜로라도 대학 연구진의 논문에 의하면, 헬리콥터 부모를 둔 아이의 대뇌 실행기능이 현저히 떨어지는 것으로 나타났다. 문제적 상황과 난관, 그리고 스스로 연구 과제 해결을 해야 하는 상황에서도 과보호를 받은 아이들은 무엇을 어떻게 해야 할지 망설였다. 이들은 또한 주의력 집중 장애와 과잉행동 장애 등의 비율도 훨씬 높았다.

한 소년이 나비가 고치에서 나오려고 애쓰는 것을 보았다.

나비가 힘들어 하는 것을 보니 나비를 도와주고 싶었다. 그래서 고치를 벗겨서 나비를 꺼내주었다. 하지만 이상했다. 나비가 훨훨 날아갈 줄 알았는데 그 자리에서 꼼짝도 하지 않았다. 나비가 날아가기 위해서는 먼저 고치에서 벗어나려고 애쓰는 과정을 통해 힘이 길러져야 한다. 소년은 그것을 미처 알지 못했던 것이다.

줄탁동시(崒啄同時)라는 한자가 있다. 닭이 알을 깔 때 알 속의 병아리가 껍질을 깨뜨리고 나오기 위해 껍질을 쪼는 것을 '줄'이라 하고, 어미 닭이 밖에서 쪼아 깨뜨리는 것을 '탁'이라고 한다. 껍질 속의 병아리와 껍질 밖의 엄마가 동시에 껍질을 쪼았을 때, 병아리가 세상 밖으로 나오게 되는 것이다.

병아리가 세상에 나오기 위해서는 이처럼 본인이 껍질을 깨는 과정이 필요하다. 병아리가 껍질을 깨고 나오려고 쪼기 시작했을 때, 비로소 엄마 닭이 껍질 깨기를 도와준다.

'껍질을 스스로 깨면 병아리가 되고 남이 깨주면 계란 후라이가 된다.'

그렇다. 엄마가 지나치게 아이의 인생에 개입하면, 아이의 인생을 망쳐버릴 수 있다. 아이와 엄마가 더불어 노력해야 한다. 그러나 아이가 먼저 껍질을 깨려는 시도를 할 때까지 엄마는 기다려야 한다. 아이가 노력을 시작했을 때, 비로소 도움을 줘야 하는 것이다.

"아이들이 '자신의 삶을 살도록'하는 것은 거친 세상에 풀어놓거나 버리라는 게 아니다. 다만 아이는 부모의 야심을 위한 창고가 아니며 부모가 완수해야 할 프로젝트도 아님을 인정하는 것이다. 아이들은 자신의 취향과 즐거움, 삶의 경험을 지닌 개별적이고 유능한 존재다."

'프랑스 육아법'의 저자 파멜라 드러커맨의 말이다.

이제 아이에게서 한 발 물러설 준비가 되었는가? 지나친 개입과 간섭을 멈추자. 아이가 날기 위해 힘을 기르고 있을 때 그 과정을 엄마가 대신 해준다면, 아이는 영영 날 수 없는 나비가 된다. 아이가 아직 준비가 되지 않았는데 껍질을 대신 깨주면, 아이는 계란 후라이가 되고 만다.

아이가 날 수 있도록, 아이가 병아리가 되도록 거리를 두고 지켜보자. 엄마라는 안전지대에서 벗어나 세상이라는 도전지대로 나갈 수 있도록 도와주자.

# 작은 성취감으로 아이는 크게 자란다

아파트를 벗어나는데 앞서 걸어가는 한 아들과 엄마의 모습이 보였다. 아이는 초등학교 고학년쯤 돼 보였다.

아들이 엄마의 장바구니를 들어주려고 했다. 그러자 엄마가 말했다.

"됐어, 엄마가 들을거야."

그래도 아들이 장바구니에 손을 내밀자 급기야 엄마가 나무랐다.

"그냥 두라니까, 무거운 거 들면 키 안 자라."

엄마는 아이 손에 맡기기엔 짐이 너무 무겁다고 생각했을까, 아니면 정말 키가 크지 않는다고 믿어서였을까? 어쨌든 엄마의 거절로 아이는 성취감을 맛볼 기회를 잃었다.

우리는 남을 도울 때 뿌듯하다. 누군가가 내 도움이 필요하다면 자신을 괜찮은 사람이라고 생각하게 될 것이다. 이런 성취감은 아이들 성장에 매우 요긴하다. 성공 경험이 없다면 아이는 자기 능력을 의심하게 될 것이다. 자신감이 없고 자존감도 낮아진다. 새로운 일에 도전하려는 의지도 줄어든다.

요즘은 아이들에게 공부 말고 다른 일을 시키지 않는다. 부모들은 "넌 공부만 해"라며 오히려 온갖 시중을 다 들어준다. 아이가 입을 옷도 골라주고, 가방도 챙겨주고, 심지어 숙제를 대신해주기도 한다.

그러나 성취감은 주어진 일을 해낼 때 생긴다. 따라서 아이 일을 대신하는 것은 아이가 성취감을 가질 기회를 빼앗는 셈이다.

"도와줘서 고마워."
"엄마 생각해 주는 건 아들밖에 없네."
"우리 아들이 벌써 다 커서 엄마를 도와주니 너무 좋다."

엄마가 장바구니를 아들에게 건네며 이렇게 말했다면, 아이는 어떤 감정을 느꼈을까?

자신이 자랑스러웠을 것이다. 어른으로 인정받는 뿌듯함을 느꼈을 것이다. 장바구니가 아이에게 무거운 것 같아 망설였다면, 일부라도 맡기면 어땠을까? 아이는 작은 성취감을 맛볼 수 있었을 것이다.

하지만 엄마의 지나친 배려가 그럴 기회를 빼앗았다. 오히려 '너는 아직 어려. 너는 키가 커야 하는 아이야'라는 메시지를 줬다. 결국 아이가 자신을 자랑스럽게 생각할 기회를 막았다.

### 성공 경험이 쌓여야 자신감이 생긴다

작은 일을 부탁하고 고맙다고 말할 때, 아이들은 만족감을 느낀다. 식탁에 수저를 놓아 달라고 부탁하고 도와줘서 고맙다고 말한다. 동생에게 책을 읽어달라고 부탁하고 동생을 돌봐줘서 고맙다고 칭찬한다.

무엇이든 좋다. 임무를 주고 일을 마쳤을 때 칭찬하는 것은 아이의 성취감을 높이는 데 효과적이다. 일상 속 작은 성공 경험이 자신감을 심어준다.

'야나두'라는 영어 학습 프로그램으로 성공한 청년 김민철 야나두 대표는 24번이나 사업에 실패했다. 그는 성공의 비결을 이렇게 말했다.

"실패했을 때 감정은 처참해집니다. 모든 것에 확신이 없어지죠. 아무것도 할 수 없어요. 그래서 제 주변에 있는 아주 작은 일부터 다시 성공을 해야 합니다. 그 과정이 매우 중요합니다."

그래서 그는 하루에 이를 세 번 3분 이상 닦는 것, 밥 세 끼 먹는 것부터 시작했다. 그리고 조금씩 성공 경험을 늘려 갔다.

"작은 성공이 모여 우리가 원하는 곳으로 조금씩 간다고 생각합니다. 그리고 그것들이 모여 흐름을 타고, 그 흐름을 많은 사람이 믿어주면서 성공에 도달하는 것이죠."

야나두는 2017년 1월 2일 하루에만 매출 10억 원을 기록한 기업으로 성장했다. 큰 성공을 이룬 비결은 작은 성공 경험을 모으는 것이었다.

아이들에게도 성공 경험을 줘야 한다.

시험에서 100점을 맞고, 반에서 1등을 하고, 그림을 잘 그려서 상을 받기는 어렵다. 그러나 일상에서 성취감을 느낄 일은 무수히 많다. 김 대표 말처럼 이 세 번 닦는 것, 밥 세 끼 먹는 것은 누구나 할 수 있는 성공 경험이다.

아이들에게도 적용해보자. 잠자기 전에 이 닦는 것, 밖에서 놀고 들어와 손 씻는 것, 식탁에 얌전히 앉아 밥 먹는 것 등은 평범한 일상이다.

그러나 부모가 그 일상을 성공 경험으로 바꿀 수 있다. 부모가 아이에게 "오늘 우리 목표는 잠자기 전에 이를 닦는 거야."라고 말한 뒤 이를 닦았을 때 칭찬하는 것이다.

"성공했다. 오늘 목표를 이뤘네." 이렇게 하면 아이들은 성취감을 느끼고 작은 성공 경험을 쌓는다.


### 도전해볼 만한 목표로 시작하라

성공하기 위해서는 최고의 목표를 세우라고 말한다. 목표를 원대하게 세우고 노력하다 보면 목표치의 반만 완수해도 큰 성과를 이룰 수 있다는 것이다. 처음부터 목표를 낮게 세운 것보다 결과적으로 더 높은 성취를 이룰 수 있다고 한다.

최종 목표를 원대하게 세우라는 말에는 동의한다. 그러나 실행 계획을 세울 때는 낮은 목표치를 정하라고 나는 말한다. 새해 결심이 '작심삼일(作心三日)'이 되는 이유는 삼일도 성공하지 못할 결심을 했기 때문이다.

나는 올 초 계획을 세우며 하루 1장 성경 읽기를 목록에 넣었다. 가족이 비웃었다. 하루에 겨우 1장을 읽겠다는 거냐며 웃었다. 그러나 나는 하루 10장으로 정했다가 지키지 못하고 실패감을 맛보는 게 싫다. 그러다 계획이 흐지부지 무산되는 것도 싫다. 하루에 1장은 쉽다. 아무리 시간이 없어도 1장은 읽을 수 있다.

물론 10장 읽거나 한 챕터를 통째로 읽는 날도 있다. 10장을 못 읽어서 실패감을 느끼느니 1장 이상 읽고 성공감을 느끼는 게 훨씬 좋다. 자신과의 약속을 잘 지키는 나 자신이 만족스럽다. 계속할 힘을 얻는다.

아이들도 마찬가지다. 큰 목표를 세웠다면 작은 실행 계획을 논의하라.

'하루에 1시간 공부하기'를 지키기 힘든 아이가 있다. 그런 아이는 '하루 10분 공부하기'부터 시작하면 좋다. 하루 10분은 만만해 보인다. 도전해볼 만하다. 10분 공부를 마친 아이를 '폭풍 칭찬' 해준다.

"오늘도 성공했구나."
"약속을 잘 지켰네."

이런 말로 성공을 경험하게 한다. 아이는 10분 공부가 재미있어진다. 10분은 20분이 되고, 곧 30분으로 늘어난다. 부모 칭찬에 아이는 자신감이 생긴다.

　사람을 움직이는 힘은 외부가 아닌 내부에 있다. 행동하려는 동기는 내면에서 일어난다. 작은 성공 경험은 아이가 무언가를 하고 싶도록 한다.

　아이에게 자신감을 주고 싶다면 쉬운 것부터 시작하라. 사소한 성공 경험이 아이 인생을 큰 성공으로 이끌 것이다.

# 심리적 안정감을 주는 한계설정

고등학생 자녀를 둔 영은씨가 인터넷 쇼핑에 빠져 있는 딸에 대한 고충을 털어놓았다.

"제가 힘들어도 웬만하면 아이가 원하는 건 사주려고 노력해요. 비싼 건 못 사주지만……"

대형 마트에서 파트 타임으로 일하는 영은씨는 가정 형편이 넉넉지 않았다. 그럼에도 딸이 원하는 것은 가능한 들어주려 애썼다.

하지만 딸은 늘 불평했다. 사고 싶은 것을 마음껏 사주지 않는 엄마에게 불만이 많았다. 유명 브랜드의 옷과 신발을 인터넷으로 골라 놓고 계속 졸라댔다. 마지못해 몇 차례 사줬지만 아이는 새로운 요구를 되풀이했다.

몇 번을 사줘야 아이는 부족감을 느끼지 않을까? 아이의 요구는 끝도 없이 이어질 것이다.

한계가 없는 욕구는 만족감도 없다. 욕구는 채우는 것이 아니고 조절하는 것이다. 아이들은 스스로 한계를 정하는 일에 익숙지 않다. 한계를 경험해보지 않은 아이는 욕구를 조절할 줄 모른다. 계속 채워도 부족하게 느껴지고 오히려 불만과 분노만 늘어간다.

정해진 한계 범주에서 자유를 누릴 때, 아이들은 안정감을 느낀다.

교육을 받으며 영은씨는 딸에게 한계를 정해주기로 했다. 계절이 바뀔 때마다 일정 금액 안에서 인터넷 쇼핑을 할 수 있도록 제한을 뒀다. 대신 원칙을 세웠다. 한계 금액 안에서 아이가 무엇을 고르던 잔소리하지 않기로 했다.

한계가 없을 때는 아이는 물론 엄마도 불안했다. 아이가 고른 옷들이 엄마 마음에 들지 않았다. 한 차례 입으면 버릴 싸구려 옷들이었다. 아이가 산 옷에 대해 잔소리하고 실랑이가 되풀이 되니 둘의 관계가 나빠졌다.

아이는 한계 안에서 자유로이 쇼핑을 하게 되었다. 엄마는 한계를 정해줬고, 그 안에서 아이의 선택을 존중했다.

"여전히 딸이 사는 옷들이 맘에 안 들어요. 하지만 아무 말도 안 하고 존중해주고 있답니다. 그랬더니 저도 마음이 편하고 아이도 좋아하네요."

처음 한계를 정할 때 아이들은 반발한다. 행동을 제한하는 것이기 때문이다. 하고 싶은 대로 행동하던 아이가 규칙을 지키려면 욕구를 제한해야 한다. 게다가 벌칙까지 받게 된다면 아이들은 억울한 마음에 반항하게 된다. 그러나 한계가 분명하고 그 안에서 행동해야 한다는 지침을 줄 때, 아이들은 훨씬 안정감을 느낀다.

### 한계 안에서 자유롭게

아이들은 사실 권위 안에서 통제 받기를 원한다. 권위 있는 어른이 정확한 지침을 주기를 바란다. 지침이 없을 때 아이들은 어떻게 행동해야 할지 모르기 때문에 불안하고 혼란스러운 것이다.

임상심리학자 토니 험프리스는 '훈육의 심리학'에서 아이들의 훈육 문제는 도움을 구하는 외침이라고 말했다.

"아이들은 자신의 삶 속에 공포와 불안이 숨겨져 있다는 것을 알리려고 행동한다. 사실상 도움을 원한다고 외치고 있는 것이다. 채워지지 않은 욕구를 직접적으로 표현하는 것은 아이들에게는 감정적으로 너무 위험한 일이다. 그리하여 다른 방식으로 안전과 사랑을 주는 데 실패한 어른들을 일깨우는 방법을 찾아낸다."

울타리가 없는 정원에서 놀고 있는 아이를 상상해보라. 엄마는 노심초사한다. 아이가 차도로 걸어 나갈까봐 걱정이다. 정원 가장자리에 있는 돌부리에 걸려 넘어질까 봐 자꾸 아이에게 잔소리를 한다. 과잉보호로 아이의 행동을 제지하게 된다.

울타리가 있다면 어떨까? 아이들은 그 안에서 안전하다. 차도로 나갈 일도 없고 돌부리에 걸려 넘어질 일도 없다. 부모도 아이도 안정감을 느끼며 활동할 수 있다.

적절한 한계를 정하고 그 안에서 자유를 주는 것이다. 울타리를 쳐 놓고 그 안에서 아이가 어떤 놀이를 선택할지에 대해서는 자유를 주는 것과 같다. 안전하고 적절한 한계를 정하는 것은, 아이들에게 책임 있는 행동을 가르치는 첫 번째 과정이다.

미국에서는 주말이 되면 아이들이 돌아가면서 친구 집에 가서 자는 일(sleep-over)이 자주 있다. 생일이 되면 아예 침낭을 챙겨서 생일파티에 가기도 한다.

부모의 교육 방침에 따라 아이를 친구 집에 재우지 않는 사람도 있지만 나는 흔쾌히 허락하는 편이었다. 내가 어려서 친구 집에 가서 자는 것을 좋아했던 터라 아이도 친구들과 지내는 특별한 밤의 기분을 누리게 하고 싶었다.

유학생활로 아이와 단 둘이서 지내서였을까, 아이가 감당해야 할 외로움은 나에게 늘 부담이었다. 그래서 아이의 친구가 우리 집에 와서 자는 일은 언제든 허락했다. 나중에는 매주 토요일마다 자러오는 친구가 있을 정도였다.

대신 제한이 하나 있었다. 자정을 넘기지 않고 잠자리에 드는 것이었다. 새벽까지 놀다가 늦게 잠들면 다음 날 교회에 가는데 지장을 주기 때문이었다. 만일 약속을 지키지 않을 경우 한 달 동안 친구가 오지 못하는 것으로 벌칙을 정했다.

한번은 아이가 한계를 벗어났다. 12시가 넘도록 자지 않고 게임을 하고 있었다. 아이들은 서둘러 게임을 정리하며 말했다.

"이제 자려고 정리하는 중이었어요. 시간이 조금 밖에 안 지났잖아요."

나는 웃으며 말했다.

"그래, 빨리 자. 그렇지만 너희들이 한 달 동안은 같이 자지 않기로 결정한 거라고 믿는다."

불편하지만 약속을 지킬 것인가? 약속을 어김으로 그 대가를 치를 것인가?

선택은 아이의 몫이다. 선택에 따른 책임도 역시 아이에게 있다.

아이는 한 달 간 슬립오버를 하지 못했다. 12시 전에 잠자리에 든다는 약속을 어겨서 슬립오버의 즐거움을 누리지 못하는 동안 아이는 생각하게 될 것이다.

'다음부터는 12시 전에 자야겠다. 내가 원하는 날 친구랑 같이 잘 수 있으려면 12시를 지켜야겠다.'

한계를 벗어났을 때, 그 대가가 너무 엄격하지 않아야 한다. 예컨대 장난감을 치우지 않은 5살짜리 아이에게 다음과 같이 말했다고 생각해 보자.

"장난감 치운다는 약속을 안 지켰으니 이 장난감을 버릴 거야."

"장난감 치운다는 약속을 어겼으니 앞으로 한 달 동안 이 장난감을 가지고 놀 수 없어."

5살짜리 아이에게 너무 가혹한 처사다. 지나치게 엄격한 규칙과 대가를 요구할 경우 아이는 받아들이지 않는다. 저항하고 분노한다. 오히려 서로의 관계를 무너뜨리는 결과를 빚고 만다.

부모가 아이에게 화가 나서 순간적으로 너무 엄격한 규칙과 대가를 선포할 때가 있다. 잠시 후 마음이 풀어져 완화시켜준다면, 아이를 더 책임감 없게 만드는 셈이다.

모든 규칙과 대가는 일관성이 있어야 한다. 그 시행에서는 단호해야 한다. 그러나 나이와 상황에 맞는 대가로 아이가 받아들일 수 있어야 한다.

너무 많은 규칙을 남발해도 안 된다. 아이는 부모를 무서운 선생님으로 바라보게 될지도 모른다.

한계를 정하고 그 안에서 자유를 주면, 아이는 안정감을 느낀다. 한계를 잘 지켰을 때 칭찬하고, 한계를 벗어났을 때 대가를 치르도록 하면 책임감이 길러진다. 사랑과 애정으로 용납하는 것도 중요하다. 그러나 한계와 선택을 통해 절제력과 책임감을 기르는 것 역시 매우 중요하다.

한계를 정하고 일관성 있게 적용하는 것으로 아이를 보호하자.

# 큰 그림으로 아이를 바라보라

내 아이가 어떤 아이로 성장하기를 원하는가?

부모교육에 참가한 엄마들에게 묻곤 한다. 대답은 다양하다. 좋은 것은 다 해당된다. 공부도 잘하고, 성실하며, 성격도 좋고, 친구 관계도 좋아야 한다. 실력을 갖추고 인성도 겸비한 완벽한 이상형을 꿈꾸는 것이다.

"주변에 그런 사람을 본 적 있으세요?"

질문을 받은 엄마들은 선뜻 대답을 못한다. 한동안 물끄러미 나를 바라보고는 멋쩍게 웃는다.

"없네요, 그런 사람. 제가 너무 완벽한 걸 바랐나 봐요."

자신이 지나친 바람을 가지고 있었다는 걸 그제야 눈치 챈다.

그렇다. 엄마들의 눈에는 아이의 부족한 점만 보인다. 그것을 채워주려고 고군분투하는 것이 엄마들의 하루다. 노력에도 불구하고 아이는 좀처럼 변하지 않는다. 그런 아이를 바라보는 엄마는 괴롭다.

이유는 무엇일까? 왜 아이는 엄마의 눈에 한없이 부족하기만 할까?

시선을 아이에게 고정시키고 있으면 큰 그림이 보이지 않는다. 아이와 밀착되어 있으면, 아이 그 자체의 아름다움이 보이지 않는다. 결점만 보인다. 마음이 불안해진다. 아이와의 관계를 즐기지 못한다.

아침에 눈을 뜨면 좋은 엄마가 되려고 결심한다. 그러나 엄마들의 하루는 후회로 끝이 난다.

'그러지 말 걸.' '그렇게 말하는 게 아닌데.' '조금만 참을 걸.'

잠자는 아이의 얼굴을 보고 있으면 낮에 있었던 일들이 떠오른다. 잘못된 행동을 고쳐주기 위해 지적하고, 설교하고, 혼내느라 바빴다. 아이에게 미안해진다. 오늘도 아이의 행동 하나 하나에 집착했기에 엄마는 아이의 아름다움을 보지 못한 것이다. 아이와의 관계에서 행복을 맛보지 못한 것이다.

### 멀리보면 다른 면을 볼 수 있다

제주도로 신혼여행을 가면서 비행기를 처음 타봤다. 지금은 비행기 타는 일이 흔하지만 그때는 만만치 않은 큰일이었다.

비행기가 이륙하면서 내려다본 세상. 그 높던 빌딩이 성냥갑처럼 작아지고 자동차들이 점이 되어 사라지는 신기한 풍경을 한동안 바라보았다.

문득 인생을 알아버린 것 같았다. 수많은 사람들이 부대끼며 경쟁하며 살고 있는 도시가 점에 불과했다. 그 속에서 오늘도 치열하게 살고 있지만 그게 전부는 아니라는 생각이 들었다.

1990년 보이저 1호의 카메라에 태양빛이 반사되는 우연한 효과로 61억 킬로미터 거리의 지구 사진이 찍혀서 전송되었다. 푸르스름한 우주에 점 하나 박힌 사진이다. 창백한 푸른 점(Pale blue dot)이라는 제목으로 유포되었다.

칼 세이건은 이 사진을 보고 감명을 받아 같은 제목(The pale blue dot)으로 책을 펴냈다.

"우주라는 광대한 스타디움에서 지구는 아주 작은 무대에 불과하다. 인류 역사 속의 무수한 장군과 황제들이 저 작은 점의 극히 일부를, 그것도 아주 잠깐 동안 차지하는 영광과 승리를 누리기 위해 죽였던 사람들이 흘린 피의 강물을 한 번 생각해 보라."

그는 말했다. 지구가 우리를 둘러싼 거대한 우주의 암흑 속에 있는 외로운 하나의 점이며, 우리는 그 광대한 우주 속에서 참으로 보잘 것 없는 존재라고.

내 삶을 어디에서 어떤 시각으로 바라보느냐에 따라 의미가 달라진다. 조금 더 높이 올라가서 조금 더 멀리 떨어져서 삶을 바라보면, 이제껏 나를 사로잡았던 것들이 다른 모습으로 다가온다.

높이 올라가면 도로 공사로 파헤쳐진 흉측한 거리, 쓰레기 더미 쌓인 골목길은 보이지 않고 아름다운 도시경관의 형태만 보인다. 그렇듯이 지금의 내 문제를 떠나 높은 곳에서 바라보면, 문제는 작아지고 큰 그림이 보인다.

## 결핍은 아이를 망치지 않는다

성격이 좋은 청년들을 볼 때마다, 우리 아들이 저런 청년들로 자라면 좋겠다는 바람을 품었던 적이 있다.

당시 내 아이는 방황을 거듭하던 시기였다. 매사에 까칠했고, 작은 일에 수시로 분노했다. 학교 공부 대신 부질없는 것들에 소중한 시간을 낭비했다. 허전하고 외로운 마음을 달래느라 친구를 찾아다녔다.

아이를 보며 안타까웠다. 자책감에 사로잡혔다. 내 잘못된 양육 태도 때문이라며 절망했다.

그러나 알게 되었다. 결핍은 다른 강점을 만들어낸다는 것을. 그리고 결국 아이는 자신의 삶을 일구어간다는 것을.

학교 공부에 성실하지 않고 방황하던 아이는 더 깊은 배움을 준비하고 있었던 것이다. 더 많은 고민을 한 만큼 생각의 깊이도 넓이도 확장되었다. 영화라는 자신의 길을 정한 이후에는 인문학으로 관심의 지평을 넓혀갔다.

진지하게 삶을 고민했기에 표현해내고 싶은 출구로 영화를 선택했는지는 모르겠다. 방황의 시간은 아이에게 헛된 것이 아니었다. 아이는 그 시간을 통해 예술가의 길을 걸어가는데 필요한 자양분을 갖추게 된 셈이었다.

아이를 양육하면서 어려움을 겪고 있다면, 먼저 나의 시선부터 바꿔야 한다.

시선을 지금 내 아이에게 고정시키면 아이의 부족함이 너무 크게 보인다. 그것을 고쳐주고 채워주려고 하기 때문에 관계가 망가진다. 땀이 비처럼 흐르도록 뛰어다녀도 정작 아이는 엄마와 멀어진다. 엄마의 기대와는 다른 행동을 보인다. 학교 공부에는 관심 없고 반항하며 일탈을 거듭한다.

그렇다면 엄마는 시선을 돌려 아이의 큰 그림을 보아야 한다. 아이의 작은 행동이 아닌 존재의 의미와 아름다움을 바라보아야 한다.

### 결핍은 새로운 강점을 창조한다

부족한 부분이 걱정되는가? 결핍은 아이를 망치지 않는다.

학업에 관심이 없다고 아이의 미래가 어두워지는 건 아니다. 아이는 학업이 부족한 대신 다른 분야에서 강점을 개발한다. 공부 못한다고 무시당하지 않으려고 친구 간에 좋은 관계를 맺는 법을 터득할 수도 있다. 공부로는 최고가 될 수 없으니 어떻게 하면 돈을 벌 수 있을지 고민할 수도 있다.

학교에 적응하지 못하고 떠도는 아이가 있다고 하자. 지금의 모습을 보면 걱정스러운 문제아다. 그러나 그 아이의 결핍은 잘 사용하면 강점이 될 수 있다. 학교에 적응하지 못하고 방황하면서 겪었던 고민과 경험으로 아이는 세상을 더 일찍 알게 되고 성장할 수 있다. 아이가 방황을 끝내고 삶의 목표를 정할 때 그 강점이 꽃피워질 것이다.

일본 가전업체인 마쓰시타 전기산업의 창시자 마쓰시다 고노스케는 자신의 성공비결을 이렇게 말했다.

"나는 3가지 축복을 받았습니다. 가난했고, 배우지 못했으며, 몸이 허약했습니다. 이것이 나의 성공 비결입니다."

기자는 그게 저주이지 무슨 축복이냐고 반문했다. 그러자 그는 이렇게 대답했다.

"나는 가난했기 때문에 신문팔이, 구두닦이 등을 하며 세상사는 지혜를 얻을 수 있었습니다. 배우지 못했기 때문에 만나는 사람들을 다 스승으로 생각할 수 있었으며, 몸이 허약했기 때문에 평생 운동을 하며 건강관리를 할 수 있었습니다."

아이들에게는 저마다 부족한 부분이 있다.

그러나 기억하라. 결핍은 새로운 창조물을 만들어낸다. 세상의 모든 발명품이 부족함을 해결하려는 고민에 의해 생겨난 것처럼 말이다.

아이는 결핍 때문에 고민하는 과정에서 다른 강점을 만들어 낸다. 동전의 양면이 있는 것처럼 결핍의 뒷면에는 또 다른 요소가 있다. 한 쪽 수로를 막으면 물줄기는 다른 쪽으로 흘러간다. 물은 결코 흐르기를 멈추지 않는다.

안타깝게도, 젊은 엄마들은 이것을 보지 못한다. 큰 그림을 보지 못하는 것이다. 지금 내 아이의 부족한 부분에 집착하고 있기 때문이다. 너무 작은 부분에 시선을 고정하고 있기 때문이다.

### 높은 곳에서 큰 그림으로 아이의 미래를 보라

아이에게서 큰 그림을 본다는 것은 무엇일까.

현재 아이의 모습에 집착하지 않는 것이다. 높은 곳에 올라가서 아이를 바라보면 얼굴에 묻은 흙도, 머리카락에 붙은 지푸라기도 보이지 않는다. 그저 두 발로 서 있는 사랑스런 내 아이만 보일 뿐이다.

그 사랑으로 아이를 대할 때, 아이의 결핍은 새로운 창조물이 되어 강점으로 발휘될 것이다. 10년 후, 20년 후, 그 결핍으로 만들어진 것들이 자양분이 되어 아이의 삶을 빛낼 것이다.

우리는 모두 자녀의 멋진 미래를 꿈꾼다. 자녀의 공부에 그리도 집착하는 것은 내 아이가 펼쳐갈 미래가 평탄하고 행복하기를 바라기 때문이다. 아이의 결핍을 채워주려고 동분서주하는 것도 더 나은 삶을 살기를 원하기 때문이다.

그 과정 중에 우리는 실수한다. 자녀에게 상처를 주기도 한다. 방법을 몰라서, 혹은 엄마 스스로 성숙하지 못한 탓이기도 하다. 그러나 확실한 것은 부모들은 모두 최선을 다해 노력한다는 것이다.

엄마의 실수가 아이를 힘들게 할 수 있다. 그러나 괜찮다. 엄마의 실수로 아이가 힘들어져도 그 과정을 통해 아이는 성장한다. 결핍은 항상 새로운 면을 개발시키기 때문이다. 고난을 통해서 배우듯이 말이다.

그럼에도 부모는 노력해야 한다. 모르는 것은 배우고, 해결되지 못한 엄마의 상처는 치유 받고, 매일 매일 성장하는 부모가 되어야 한다.

높은 곳에서, 멀리 떨어져서 자녀를 바라보라.

큰 그림으로 보라.

작은 결핍에 눈을 고정시키지 말고 먼 미래의 성장한 아이의 모습을 그려 보라.

엄마가 원했던 모습은 아닐 수도 있다. 엄마의 기대에 미치지 못할 수도 있다. 그러나 확실한 것은 아이는 자신의 길을 찾아나가게 될 것이라는 것이다. 이것이 큰 그림이다.

큰 그림을 그리며 마음의 여유를 가지고 아이를 대하자. 아이는 멋지게 성장할 것이다.

# 커피브레이크 페어런팅

## (Coffeebreak Parenting)

소그룹 단위 멘토링식 부모교육

정해진 커리큘럼으로 교육 및 실습

자녀관련 개인 상담 및 교육컨설팅 1회 포함

개인별 맞춤형 부모교육

기본 4차시, 심화 4차시 진행

빅픽처가족연구소(T. 02-6954-1272)

# 엄마는 괴롭고 아이는 외롭다

2018년 8월 20일 1판 1쇄 인쇄
2018년 11월10일 1판 2쇄 발행

지은이 김진미
펴낸이 조금현
펴낸곳 도서출판 산지
주소 서울시 강남구 강남대로502, 5층
전화 02-6954-1272
팩스 0504-134-1294
이메일 sanjibook@hanmail.net
등록번호 제018-000148호

ISBN 979-11-964365-0-6 03590

이 도서의 국립중앙도서관 출판예정도서목록(CIP)은 서지정보유통지원시스템 홈페이지
(http://seoji.nl.go.kr)와 국가자료공동목록시스템(http://www.nl.go.kr/kolisnet)에서 이용
하실 수 있습니다. (CIP제어번호 : CIP2018022532)